U0283383

深中通道钢箱梁
智能制造关键技术

陈焕勇　宋神友　阮家顺　付佰勇　曹磊　薛宏强　张华 ｜ 著

中国建筑工业出版社

图书在版编目（CIP）数据

深中通道钢箱梁智能制造关键技术 / 陈焕勇等著 .
北京 ：中国建筑工业出版社，2024. 12. -- ISBN 978-7-
112-30720-3

Ⅰ. TU323.3

中国国家版本馆 CIP 数据核字第 2024A4J998 号

责任编辑：李笑然
责任校对：李美娜

深中通道钢箱梁智能制造关键技术

陈焕勇　宋神友　阮家顺　付佰勇　曹磊　薛宏强　张华　著

*

中国建筑工业出版社出版、发行（北京海淀三里河路9号）

各地新华书店、建筑书店经销

北京光大印艺文化发展有限公司制版

临西县阅读时光印刷有限公司印刷

*

开本：787毫米×1092毫米　1/16　印张：14　字数：249千字

2024年12月第一版　　2024年12月第一次印刷

定价：**168.00**元

ISBN 978-7-112-30720-3

（44008）

智能制造（Intelligent Manufacturing）是新一代信息通信技术与先进制造技术深度融合的产物，具有自感知、自决策、自执行、自学习、自优化等典型特点。当今世界，推动制造业从工业经济向数字经济加速迈进，实施数字化、智能化转型已成为不可逆转的时代潮流，智能制造正在引领制造方式重大变革和制造业产业升级，并成为全球新一轮制造业竞争的制高点。2015年5月，国务院印发《中国制造2025》，提出强国战略纲领和目标，明确将智能制造作为主攻方向。智能化技术的广泛应用和高度渗透，将有力促进交通工程项目产品创新、业态创新、商业模式创新，提升建筑业和制造业发展质量和效率。

深中通道作为世界首例"桥–岛–隧–水下互通"四位一体跨海集群工程，钢桥规模宏大，综合技术难度高，参建单位多，施工周期长，且桥梁施工具有场地不固定，施工方法与工艺不断调整和变化，劳力、机具和材料流动性强等特点，对项目管理和技术创新工作提出了更高的要求。深中通道管理中心积极响应《中国制造2025》的发展战略，统筹国内顶尖技术团队，经过科研创新和生产实践，聚焦正交异性钢桥面板疲劳性能提高，在钢箱梁制造过程中打造了智能制造"四线一系统"，即板材智能下料切割生产线、板单元智能焊接生产线、节段智能总拼生产线、钢箱梁智能涂装生产线和钢箱梁智能制造BIM+信息管理系统。

经过多年努力，深中通道项目实现了钢箱梁智能制造提质增效的建设目标，相关成果推广应用至国内多个大型项目。参建单位在此过程中也积累了丰富的经验，形成了桥梁工程钢箱梁智能制造成套技术，推动了中国钢桥建造技术的进步。2023年，深中通道管理中心牵头申报的《跨海集群工程桥隧钢结构智能制造关键技术研究及应用》项目荣获中国钢结构协会科学技术奖特等奖。

本书详细阐述了深中通道钢箱梁智能制造关键技术，全书共分10章。第1章为绪论，第2章为钢箱梁智能制造总体规划，第3章聚焦正交异性钢桥面板抗疲劳关键技术，第4～8章详细阐明了"四线一系统"建设情况，第9章介绍了钢箱梁焊接接头无损检测新技术，第10章为结论与展望。

本书可供钢结构和桥梁领域的科研、设计、制造和建设管理人员参考使用。由于时间紧张、编写水平有限，本书难免存在疏漏之处，欢迎各位读者提出宝贵意见和建议。

第 1 章

绪论

1.1 │
项目概况

深中通道是世界首座"桥-岛-隧-水下互通"四位一体跨海集群工程，是国家重大工程，是珠江东西两岸直连战略通道。项目全长24km，采用双向八车道、设计速度100km/h的高速公路技术标准，批复概算446.9亿元。项目于2017年2月正式开工，2024年6月30日建成通车。

深中通道是粤港澳大湾区连接深圳、广州南沙和中山三地的跨海通道，北距虎门大桥约30km，南距港珠澳大桥约31km。路线起自广深沿江高速机场互通，通过广深沿江高速二期东接机荷高速，向西跨越珠江出海口，在中山市马鞍岛登陆，主线与中开高速对接，通过万顷沙互通与南中高速连接。

如图1-1所示，深中通道主要结构物为"东岛隧、西桥梁"，"东岛隧"即为东侧的6.8km长海底隧道（深中隧道）及东/西两座人工岛，"西桥梁"就是西侧的17km连海长桥（含深中大桥）。另外，通过东侧的深圳机场枢纽、北侧的万顷沙互通和西侧的翠亨东互通与周边路网连接。

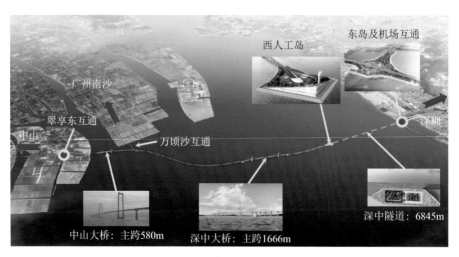

图1-1　深中通道主要结构物

深中通道桥梁全长约17km，结构类型为悬索桥、斜拉桥和梁式桥三种。项目控制性工程深中大桥为主跨1666m悬索桥，创五项世界纪录，包括离岸海中悬索桥跨径最大（580m+1666m+580m）、通航净高最高（76.5m）、海中锚碇体量最大（34.4万m³）、主缆钢丝强度最高（2060MPa）、颤振检验风速最大（83.7m/s），是当前"世界海中第一桥"（图1-2）。另外，海上桥梁还有主跨580m斜拉桥（中山大桥）、110m/60m/40m连续梁桥（非通航孔桥）。

图1-2　桥梁全景照片

项目钢桥规模宏大，海中悬索桥、斜拉桥、110m连续梁桥的全部及超宽变宽的60m连续梁桥均采用钢箱梁，合计里程长度超过10km，桥面面积约38万m²，用钢量达28万t，是目前世界上单体规模最大、结构种类最复杂的钢桥之一。规模巨大、加工制造工期紧、制造精度要求高，若采用传统工艺将不可避免地产生大量、大尺度初始缺陷（如微裂纹），难以满足高质量建设要求。这是深中通道开展钢箱梁智能制造的内因。

深中通道位于珠江口黄金通道上，交通量大（通车首日12.5万辆、通车前三日超过30万辆），且货车比例高，特重交通荷载带来了关键疲劳易损部位的累积损伤，如微观短裂纹成核、扩展为宏观长裂纹，最终导致钢桥疲劳开裂。深中通道钢桥采用的都是正交异性钢桥面板，该结构一大"痛点"就是U形肋板与顶板交叉处焊缝疲劳开裂，原因是传统设备和工艺不能实现全熔透焊接。以上是深中通道开展钢箱梁智能制造的外因。因此，深中通道项目必须采用智能制造装备和配套工艺来提高钢桥抗疲劳能力。

1.2 |
智能制造概述

智能制造是制造业高质量发展和科技创新的交汇点，是我国制造强国战略的主攻方向，也是我国快速切入全球第四次工业革命的历史性机遇。制造业的数字化、网络化、智能化"并行推进、融合发展"，是我国制造企业高质量发展和提升核心竞争力的主要路径。

1.2.1　智能制造的基本概念及目的

智能制造（Intelligent Manufacturing）是基于新一代信息通信技术与先进制造技术深度融合，通过综合和智能地利用信息空间、物理空间的过程和资源，贯穿于设计、生产、管理、服务等制造活动的各个环节，具有自感知、自决策、自执行、自学习、自优化等功能的新型制造。

智能制造包括三个基本范式：数字化制造是第一代智能制造，"互联网＋制造"的数字化、网络化制造是第二代智能制造，而数字化、网络化、智能化制造则是新一代智能制造。

智能制造的目的是不断提升企业的产品质量、效益、服务水平，企业通过实施智能制造，实现制造装备联网和关键工序的数字化改造，通过建设智能生产线、智能车间和智能工厂，实现精益生产、精细管理和智能决策。智能制造的深入实施有助于推动装备、软件和系统集成资源要素向企业集聚，从而提高企业的创新能力，促进产业链上中下游、大中小企业融通创新，带动产业创新、制造能力提升和服务模式变革。智能制造可以推动制造业的创新、绿色、协调、开放、共享、发展。

1.2.2　智能制造的相关国家及区域政策分析

"十二五"期间，智能制造装备产业作为正在培育和成长的新兴产业，工业和信息化部制定《智能制造装备产业"十二五"发展规划》，规划期为2011—2015年。重点建设智能基础共性技术、智能测控装置与部件、重大智能制造成套装备等，旨在形成完整的智能制造装备产业体系，取得部分产品原始创新突破，国家提出在国民经济重点领域和国防建设需求方面推动智能制造发展。

"十三五"以来，我国智能制造发展基础和支撑能力明显增强，基本建立了智能制造支撑体系，初步实现了重点产业的智能转型。2016年12月，工业和信息化部、财政部联合制定的《智能制造发展规划（2016—2020年）》，要求重点突破加快智能制造装备发展，建设智能制造标准体系，加大智能制造试点示范及推广力度，推动重点领域智能转型，打造智能制造人才队伍等十项重点任务。至今，智能制造装备国内市场满足率超过50%，在重点区域形成了独具特色的智能制造发展路径。目前，我国已形成以"一带三核两支撑"为特征的先进制造业集群空间分布总体格局。其中，北京以先进制造业高科技研发为主，天津以航天航空业为主，山东以智能制造装备和海洋工程装备为主，辽宁则以智能制造和轨道交通为主。长三角核心地区以上海为中心，江苏、浙江为两翼，主要在航空制造、海洋工程、智能制造装备领域较突出，形成了较完整的研发、设计和制造产业链。珠三角核心地区的先进制造业主要集中在广州、深圳、珠海和江门等地，集群以特种船、轨道交通、航空制造、数控系统技术及机器人为主。中部支撑地区主要由湖南、山西、江西和湖北组成，其航空装备与轨道交通装备产业实力较为突出。西部支撑地区以川陕为中心，主要由陕西、四川和重庆组成，轨道交通和航空航天产业形成了一定规模的产业集群。

进入"十四五"，2021年12月，工业和信息化部等八部门联合印发《"十四五"智能制造发展规划》，明确提出了发展路径为"关键要立足制造本质，紧扣智能特征，以工艺、装备为核心，以数据为基础，依托制造单元、车间、工厂、供应链和产业集群等载体，构建虚实融合、知识驱动、动态优化、安全高效的智能制造系统"。布置了四项重点任务及六大专项行动和四项保证措施。将以智能制造技术攻关行动、智能制造示范工厂建设行动、行业智能化改造升级行动、智能制造装备创新发展行动、工业软件突破提升行动、智能制造标准领航行动六个专项行动为着力点，推进制造业企业的智能化升级。

我国智能制造相关国家政策分析见表1-1。

我国智能制造相关国家政策分析 表1-1

时间	政策	部门	关键内容
2012.5	《高端装备制造业"十二五"发展规划》《智能制造装备产业"十二五"发展规划》	工业和信息化部	智能制造装备产业属于正在培育和成长的新兴产业。重点建设智能基础共性技术装备、智能测控装置与部件、重大智能制造成套装备等。以形成完整的智能制造装备产业体系,部分产品取得原始创新突破,基本满足了国民经济重点领域和国防建设的需求
2015.3	《2015年智能制造试点示范专项行动实施方案》	工业和信息化部	聚焦制造关键环节,选择试点示范项目,分类开展流程制造、离散制造、智能装备和产品、智能制造新业态新模式、智能化管理、智能服务六个方面试点示范
2015.5	《中国制造2025》	国务院	国家工业中长期发展战略,以信息技术与制造技术深度融合的数字化、网络化、智能化制造为主线,推动制造业转型升级,发展现代制造服务业,建设重点领域智能工厂/数字化车间
2016.12	《智能制造发展规划(2016—2020年)》	工业和信息化部等	推动重点领域智能转型,发展智能制造装备,建设智能制造标准体系,在十大重点领域建设数字化车间/智能工厂
2017.11	《增强制造业核心竞争力三年行动计划(2018—2020年)》	国家发展改革委	制造业智能化关键技术产业化,提出加快发展先进制造业,推动互联网、大数据、人工智能和实体经济深度融合,推动制造业重点领域关键技术,实现产业化
2019.9	《工业和信息化部关于促进制造业产品和服务质量提升的实施意见》	工业和信息化部	实施工业强基工程,着力解决基础零部件、电子元器件、工业软件等领域的薄弱环节,弥补质量短板。加快推进智能制造,提高装备制造业的质量水平
2021.3	《中华人民共和国国民经济和社会发展第十四个五年规划和2035年远景目标纲要》	国务院	深入实施智能制造和绿色制造工程,发展服务型制造新模式。培育先进制造业集群,改造提升传统产业。深入实施增强制造业核心竞争力和技术改造专项,建设智能制造示范工厂,完善智能制造标准体系
2021.11	《国家智能制造标准体系建设指南》	工业和信息化部、国家标准化管理委员会	加强标准工作顶层设计,增加标准有效供给,强化标准应用实施,统筹推进国内国际标准化工作,持续完善国家智能制造标准体系,指导建设各细分行业智能制造标准体系,切实发挥好标准对于智能制造的支撑和引领作用
2021.11	《智能制造试点示范行动实施方案》	工业和信息化部	智能制造已经由理念普及、试点示范进入深入应用、全面推广的新阶段。主要包括智能制造优秀场景、智能制造示范工厂和智能制造先行区三个方面

时间	政策	部门	关键内容
2021.12	《"十四五"智能制造发展规划》	工业和信息化部等	提出了2025年智能制造转型升级目标，重点行业骨干企业初步实现智能化；到2035年，规模以上制造业企业全面普及数字化、网络化，重点行业骨干企业基本实现智能化，并指出"建立长效评价机制，鼓励第三方机构开展智能制造能力成熟度评估，研究发布行业和区域智能制造发展指数"

1.2.3 智能制造的标准体系建设情况

标准在推进智能制造发展中具有基础性和引导性作用。工业和信息部、国家标准化管理委员会已联合发布了2015年版、2018年版及最新的2021年版《国家智能制造标准体系建设指南》（以下简称《建设指南》）。构建由基础共性、关键技术及行业应用组成的"A+B+C"标准体系框架。每2～3年对《建设指南》进行修订，不断更新标准细分内容，重点制定规范、规程和指南类应用标准，已推出船舶、纺织、石化等14个细分重点行业的智能制造标准，构建了国际先行的标准体系，搭建了191个标准试验验证平台，已发布智能制造国家标准300项，主导制定国际标准28项。

其中，2021年5月实施的国家标准《智能制造能力成熟度模型》GB/T 39116—2020，适用于制造企业开展智能制造能力成熟度评估。目前已在全国31个行业大类、31个省市自治区中开展了智能制造能力成熟度自诊断的标准应用推广工作。据智能制造评估评价公共服务平台数据显示，截至2022年6月23日，我国已有近3万5千家企业进行了自诊断评估，全国76%的制造企业处于一级及以下水平，达到二级、三级的制造企业分别占比为11.32%以及6.31%，四级及以上制造企业占比6.37%。从企业规模来看，中小微企业数量占比达92.3%，而全国一级及以下水平的企业中有99.46%是中小微企业，中小微企业能力与水平均低于全国均值。而数量庞大的中小微企业作为中国国民经济发展中不可或缺的组成部分，帮助其建立智能制造人才培养体系，提高其智能化转型升级速度是我国要实现弯道超车最终要解决的问题。

1.2.4 智能制造关键技术装备的发展

我国已初步形成以新型传感器、智能控制系统、工业机器人、自动化成套生产线为代表的智能制造装备产业体系；突破了机器人技术、感知技术、复杂制造系统、智能信息处理技术等长期制约我国产业发展的部分智能制造技术，研发了一批具有自主知识产权的智能制造装备。具有自主知识产权的"复兴号"中国标准动车组投入商业化运营，城市轨道交通全自动运行系统实现了示范应用。新能源汽车、工业机器人、轨道交通装备等产业快速发展。据国家统计局数据显示，2021年1月至11月，我国工业机器人产量为33万套，同比增长49%，产量继续创历史新高。2022年，我国工业机器人销售额预计将达72.7亿美元。工业和信息化部等15个部门联合印发《"十四五"机器人产业发展规划》，推动我国机器人产业在"十四五"时期迈向中高端水平。但与发达国家相比，我国智能装备制造业技术水平仍存在差距，在高端传感器、智能仪器仪表、高档数控系统、工业应用软件等关键技术和核心部件受制于人。

1.2.5　智能制造工厂试点示范及推广成果

2020年，工业和信息化部装备工业司首先在全国遴选确定19家各细分领域智能制造标杆企业，覆盖了全国13个地区19个不同行业，包括新能源汽车、航空航天、轨道交通等离散型企业，以及石油化工、钢铁等流程型企业。"十三五"期间，工业和信息化部、国家发展改革委、财政部、国家市场监督管理总局等部门持续推进智能制造发展，先后遴选智能制造试点示范项目305个，推动建设了一批智能化示范工厂。同时，这批具有较强示范、带动和引领作用的企业，推广了智能制造先进经验和成功模式。

试点示范项目生产效率平均提高45%、产品研制周期平均缩短35%、产品不良品率平均降低35%，涌现出离散型智能制造、流程型智能制造、网络协同制造、大规模个性化定制、远程运维服务等新模式新业态。

1.2.6　小结

"十三五"以来，通过建立标准体系、攻克关键技术、研发智能制造装备、推动试点示范应用等举措，我国制造业数字化、网络化、智能化水平显著提升。但是，智能制造在我国的发展历史较短，仍有一些尚待解决的问题与困境。

首先，我国在技术基础、研发能力和技术创新方面较薄弱，高端芯片、传感器和工业软件等智能制造的核心设备和技术大多依赖进口，受制于人。

其次，我国制造业体量庞大，企业的数字化、信息化发展程度不均衡，部分制造企业正带头将先进制造技术与新一代信息技术进行融合，向着信息化、智能化转型升级，但大部分的制造企业，数字化转型尚未完成，制造业的智能化转型任重道远。

1.3
钢箱梁智能制造技术的发展

聚焦钢箱梁制造方面，传统钢箱梁制造主要采用机械化设备配合人工作业，存在生产效率低、质量难以控制等问题。为了提高钢箱梁的生产品质，钢桥制造厂研发应用了自动焊接小车对钢箱梁板单元进行船位焊接，有效提高了焊缝外观质量和作业效率，机械化程度有所提高，但仍然以人工为主，板单元的焊接质量与操作工人的技能水平密切相关，质量仍难以控制。2011年，钢桥制造厂在港珠澳大桥钢箱梁制造过程中，研究应用了U形肋板单元自动组装定位焊接系统（图1-3）、板肋板单元自动组装定位焊接系统（图1-4）、U形肋板单元机器人焊接系统、横隔板单元焊接机器人焊接系统等一批先进的自动化制造装备，支撑了港珠澳大桥的建设，全面提高了钢箱梁桥板单元的焊接质量，国内钢桥制造技术开始向着自动化、信息化的方向发展。

图1-3　U形肋板单元自动组装定位焊接系统

图1-4　板肋板单元自动组装定位焊接系统

随后国内主要的大型钢桥制造厂家相继引进或研究应用桥梁钢结构切割、加工、组装、焊接等先进的制造装备，如横隔板焊接机器人（图1-5）、数控等离子切割机（图1-6）等，基本改变了以往以手工、机械化为主的生产方式，使得我国钢箱梁自动化生产水平得到了跨越式的发展，钢箱梁板单元的焊接质量水平得到了显著提高。

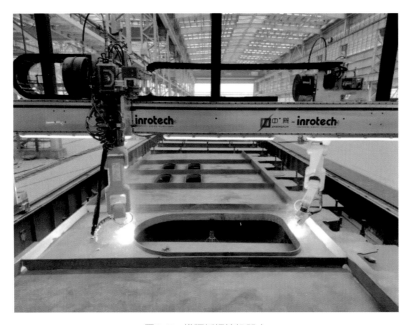

图1-5　横隔板焊接机器人

图1-6　数控等离子切割机

　　大批先进的自动化装备的应用，带动了工艺理念的提升，钢箱梁智能制造初具雏形：

　　（1）板单元制造尺寸不断增大，有效减少了板单元组拼焊缝数量，缩短了制造周期。武汉阳逻长江大桥钢箱梁面板单元件，标准宽度为2.4m，含4根U形肋。港珠澳大桥钢箱梁面板单元件，标准宽度为3.6m，含6根U形肋。板单元的最大长度也有所增加，部分桥梁面板单元长度达到了20m。

　　（2）钢箱梁制造也开始模块化，即在节段拼装前将两个U形肋板单元组焊形成双拼板单元，或者将U形肋单元件组拼成大单元件，再装焊横梁，形成桥面板整体部件，将节段拼装中的部分装配、焊接工作转移至部件制造工序中，有利于制造精度控制，有效减少了节段总拼施工量，缩短了制造周期。

　　（3）零件质量和精度控制大幅度提升，在零件下料切割工序中，采用了数控等离子切割机、数控激光切割机和齿形板仿形切割机，数控激光切割机用于横肋齿形板下料切割，其高品质的切割质量能够大幅提升齿形板弧形切割面的抗疲劳性能。采用齿形板仿形切割机，可大幅提升过渡坡口的加工精度，有利于焊接质量的控制。采用砂带自动打磨机进行面板的车间底漆清磨，有利于保证焊接质量；自动划线号料机根据数控程序在面板上划出U形肋及横肋板的装配线，有效保证了结构的尺寸精度。

　　（4）焊接方式发生改变，焊接质量显著提高，2011年我国开始研究U形肋内焊技术来实现U形肋内外双面焊接，以提高焊接细节的疲劳寿命，早期方案为采用自驱动焊接小车进入U形肋内部进行焊接，但其存在可靠性差、焊接效率低等问题，钢桥制造单位摒弃自驱动焊接小车方案，提出了外驱动多头内焊机的技术方案，有效保障了焊接可靠性和焊接效率；随后又攻克了内焊机结构设计、远距离送丝、低飞溅焊接和焊缝检测等关键技术，并建立了U形肋气体保护内焊自动化生产线。

总体来说，钢箱梁智能制造还处于探索阶段，智能化程度不高，且发展不均衡，只有少数大型钢桥制造企业拥有较强的智能装备技术能力，各厂家、各项目的产品质量良莠不齐，需大力推行先进智能制造装备和工艺，形成相应的智能制造技术体系，提升钢桥制造企业的整体制造水平，由中国制造向"中国智造"转变。

深中通道作为世界级的集桥、岛、隧、水下互通于一体的超大型跨海交通集群工程，项目钢结构规模超过60万t，包括28万t钢箱梁和32万t沉管钢壳，亟须结合当前先进的信息技术、互联网技术，进行跨海工程建设技术的产业升级，从钢结构制造设备和工艺进行创新，开展钢箱梁智能制造关键技术研究，实现深中通道钢箱梁的高质量建设，为行业做好智能制造的应用示范。

第 2 章
钢箱梁智能制造总体规划

2.1
概述

深中通道以实现钢箱梁制造的提质增效为目的，以解决正交异性桥面板疲劳损伤等钢箱梁质量通病为突破点，打造行业领先的钢箱梁智能制造"四线一系统"。

针对钢结构桥梁板材智能化下料切割的需求，研究制定适合智能化作业的下料切割生产流程、设计板材智能切割下料生产线、改进智能化切割关键设备功能与信息化配置，研发物料优化及管控系统（LES）、制造集成智能化系统（MES），形成钢箱梁板材智能下料切割生产线（图2-1），实现板单元智能化切割，提高了切割质量和生产效率。

图2-1 钢箱梁板材智能下料切割生产线

对深中通道钢箱梁结构形式进行分析，确定合理的板单元划分，研发板单元智能焊接的相关装备，设计了板单元智能焊接生产线；通过试验研究制定了U形肋全熔透焊接技术方案，实现顶板U形肋角焊缝的高品质焊接；全面应用焊接机器人进行焊接，实现了板单元焊接生产自动化，结合经营信息决策系统（ERP）、物料优化及管控系统（LES）、制造集成智能化系统（MES）、数据采集与监视控制系统（SCADA）等组成板单元焊接信息化管控平台，实现钢箱梁板单元智能化焊接生产，提高了钢箱梁桥板单元的制造质量（图2-2）。

图2-2　钢箱梁板单元智能化焊接生产线

　　针对钢箱梁节段结构尺寸大、组装精度控制难度大、焊接位置多样化的特点，研究制定钢箱梁节段智能总拼生产线建设标准（图2-3）；研究应用便携式小型机器人焊接、智能化参数化机器人焊接技术，实现钢箱梁节段整拼主要焊缝的智能化焊接；研发了多种无马组拼技术，减少了临时构件对钢箱梁的损伤，提高了钢箱梁节段总拼的制造质量；研究了焊缝地图、焊接数据管理系统在钢箱梁整拼焊接中的应用，结合智能管理控制系统实现钢箱梁节段拼装制造的管理过程智能化。

图2-3　钢箱梁节段智能总拼生产线

　　以智能化、数字化为目标，结合大型钢箱梁桥节段结构特点，研究开发了适合大型钢箱梁桥节段涂装施工的顶部、底部、侧面喷砂、热喷涂、喷漆机器人，开发了智能化涂装中控系统，实现了钢箱梁外表面全过程自动化涂装（图2-4）。包括：对涂装车间的照明系统、通风系统、除尘系统、供气系统、VOC除漆雾系统、物料供应系统、管线输送系统、机器人运行平台进行了升级改造，实现了涂装车间全天候自动化施工；研发了履带式自动导航小车+高自由度机器人喷涂装备，实现了钢箱梁外表面涂装自动化施工；开发了具有数据实时采集分析和设备运行状态实时监控等功能的中央计算机智能管理系统，实现了涂装全过程的智能化，涂层质量稳定，效率高。

图2-4　钢箱梁智能化涂装生产线

　　利用传感网络化综合集成技术，将自动化生产线、焊接、装配、涂装机器人等数字化制造装备有机地集成在一起，建立钢箱梁桥梁工程智能制造服务信息平台、数字全模型管理系统、物料优化及管控系统、集成智能化系统以及车间网络及中央控制室等设施，构建了桥梁钢结构智能制造信息管理平台，实现了钢箱梁制造数字化、自动化、信息化，以及生产管理过程软件化、可视化和权限化管控，形成了钢箱梁智能化加工制造车间。通过打造全新的桥梁钢结构智能制造信息管理平台，提升钢结构桥梁管理水平，夯实钢箱梁智能制造的技术基础，推动桥梁制造模式的创新发展（图2-5）。

图2-5　钢箱梁信息化管理系统

2.2 |
钢箱梁智能制造关键技术及工艺线路

2.2.1 "四线一系统"钢箱梁智能制造体系研究

为提高我国钢桥制造智能化水平，实现钢箱梁制造模式的转型升级，建设以"四线一系统"为核心的钢箱梁智能制造体系。研制各类自动化制造装备，推广应用桥面板U形肋双面埋弧熔透焊工艺，开发U形肋板单元组装焊接一体化、以机器视觉和激光寻位跟踪为核心的板单元智能焊接等关键技术。通过关键技术研究及应用，大幅提升了钢箱梁制造品质和生产工效。

1．板材智能下料切割生产线建设标准研究

1）下料切割生产线性能配置研究

利用数控等离子坡口切割机、数控火焰切割机等数控设备替代传统人工作业，实现5～80mm板厚零件批量下料、钢板坡口开制、齿形板过渡坡口开制及零部件的信息标识等任务；利用号料机、平板砂带自动打磨机，实现4.5m×18m板单元底板的底漆打磨、装配线标记等任务；利用过渡坡口铣边机进行10～40mm厚钢板过渡坡口开制；利用数控四芯辊替代人工火焰辊制，实现横隔板的5～20mm孔圈、筋板折弯。

2）齿形板精密激光下料切割技术研究

齿形板是正交异性钢桥面板结构重要组成部分，根据桥梁正交异性钢桥面板疲劳破坏情况统计，齿形板弧形开口处母材自身的疲劳开裂占有一部分比例，其成因与齿形板弧形开口的切割缺陷关系较大。在本项目中研究精密激光切割技术，以提高切割面的垂直度和光洁度，避免崩坑、表面粗糙等切割缺陷，减少应力集中，提高该部位的疲劳强度，同时激光切割可减少零件的加工变形，提高尺寸精度，进而提高后续齿形板与U形肋板单元的组装精度。研究内容包括激光切割机的选型和技术参数、加工参数对切割质量的影响等，齿形板激光下料切割成型效果如图2-6所示。

3）齿形板弧形开口过渡坡口切割技术研究

在齿形板弧形开口处焊缝端部开制过渡坡口，使其具有足够的焊缝熔深，从而使该部位的"焊喉"疲劳裂纹得到有效控制。传统方法中齿形板弧形开口过渡坡口采用

图2-6 齿形板激光下料切割成型效果

半自动小车火焰切割，切割精度难以保证，正反两侧坡口深度不一致，钝边尺寸偏差大，严重影响焊缝质量。通过研制数控仿形坡口切割机（图2-7），可实现对齿形板弧形开口过渡坡口的精密切割（图2-8），其关键技术有齿形板精确定位及寻位技术、非直线坡口数控成型技术、切割面成型质量控制技术。

图2-7 齿形板坡口数控仿形坡口切割机切割场景

图2-8 齿形板弧形开口过渡坡口切割成型效果

2. 板单元智能焊接生产线建设标准研究

1）U形肋双面埋弧焊焊接设备研发

研发适用于U形肋内焊的焊接设备，可适用于U形肋高280mm、底宽280mm及以上的U形肋角焊缝焊接，焊接最大长度为18m，焊接方法为埋弧自动焊。按照面板厚度12~40mm、最大宽度4500mm，进行内焊系统设计（图2-9），系统布置6台机械臂，每台机械臂搭载2把埋弧焊枪，同时进行埋弧焊接（图2-10）。

图2-9　U形肋埋弧内焊工作场景　　　　　　　图2-10　埋弧内焊机头

研制U形肋组焊一体机，实现U形肋板单元的自动组装、自动焊接同步进行，主要原理为U形肋门式组装机与U形肋内焊机共轨，通过机械辊压模块对U形肋进行限位组装，工作中辊压模块作用于U形肋外侧，内焊机在U形肋内侧焊接，两者行进速度保持一致（图2-11）。

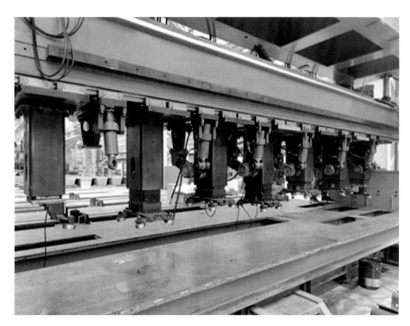

图2-11　自动组装机械辊压模块

U形肋外侧焊缝采用船形位埋弧焊技术，实现U形肋焊缝熔透焊接。自动埋弧焊机可实现焊剂的自动铺洒与回收，焊缝跟踪精度高，U形肋横向误差控制在±0.2mm之内，保证了较高的焊接质量。该设备主要由6套埋弧焊电源系统、6套焊臂、6套送丝系统、6套焊剂输送回收系统、电控箱、主控台等组成（图2-12）。配合反变形摇摆胎架使用，正反向翻转角度为0°～±38°，反变形摇摆胎架设有压紧对中装置。

图2-12 多头龙门埋弧焊机

2）顶板立体单元机器人焊接工作站建设

为实现横隔板与U形肋连接焊缝的自动化焊接，在板单元智能焊接生产线建设顶板立体单元机器人焊接工作站，机器人焊接工作站要求具有以下功能：

（1）丰富的焊丝接触传感功能：使用焊丝作为传感器的开始点传感、3方向传感、焊接长传感、圆弧传感、根隙传感、多点传感等接触传感功能的集合，可以使机器人在焊接过程中不受由于工件的加工、组对拼焊和焊接装夹定位带来的误差的影响，自动寻找焊缝并识别焊接情况，修正焊缝偏移，保证能够顺利地焊接，具有精度高、可达性好、安全可靠等优点。

（2）高性能电弧跟踪功能：该功能包括对焊缝左右和上下两个方向的高精度跟踪功能、跟踪结果记忆功能、坡口幅宽跟踪功能、往复多层焊接功能等，尤其在多层多道焊接过程中，利用第一层焊接时获取的工件变化信息，经过控制系统整理计算，将结果直接作用于第二层以后的焊接中，以快速适应工件的变化，从而节省了时间，提高了工作效率和焊接质量。

（3）高效焊接功能：使用直径为1.2mm的细径焊丝，即使通过350～400A的大电流范围，其高性能电弧跟踪功能也仍然有效，可以实现高效焊接。

（4）焊接数据库功能：具有焊接专家条件数据库，其中包含为各种焊缝形式而设定的焊接参数及工艺，用户可以根据工件焊缝形式，直接调用数据库数据，可以自动生成焊接工艺表，并直接在焊接程序中应用；也可根据客户自身工艺需求对此工艺表进行修改，从而达到理想的焊接效果。

图2-13为立体单元件机器人焊接工作站实景。

图2-13 立体单元件机器人焊接工作站

3）横隔板机器人焊接工作站建设

采用视觉识别横隔板单元焊接机器人用于横隔板单元自动化焊接，设备及工件如图2-14所示。相较于传统离线编程焊接机器人，其技术优势如下：

（1）SensLogic系统：系统基于传感系统、逻辑程序、规则设计的完美结合，无需任何图纸导入，无需任何编程及示教，并可根据实际系统自动生成焊接轨迹情况进行调整。

（2）寻位技术：通过安装在机械臂上的激光传感器自动精确寻找焊缝位置。

图2-14　视觉识别横隔板单元焊接机器人焊接

（3）自适应跟踪功能：电弧跟踪功能，该功能通过采集焊接时的电流反馈，来对机器人的焊接轨迹进行一定的补偿。焊接时工件的水平高度、左右位置或者加工误差、装配偏差通常会导致焊缝与理想状态有偏差，电弧跟踪可实时修正焊接路径。

（4）焊缝包角技术：机器人在端头起弧进行焊接，并使用热起弧功能实现包角熔池二次融合，确保成型饱满、成型美观。

4）横隔肋机器人焊接工作站建设

横隔肋机器人焊接工作站用于横肋板自动化焊接，是采用全自主编程和自动识别跟踪完成横肋板焊接的智能化设备，其摆放及焊接场景如图2-15、图2-16所示。其工作流程和原理如下。

图2-15　横隔肋机器人摆放场景

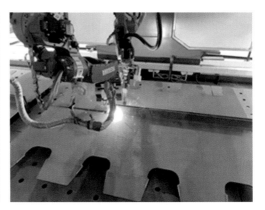

图2-16　横隔肋机器人焊接场景

工件摆放：工件由人工组对后放置在焊接胎架上，工件不需要严格定位摆放。

扫码读图：通过扫码设备扫取工件编码，调取工件对应的CAD模型及焊接工艺等信息。

自主编程：包括以下两种方式：（1）有模型方式：根据读取的工件信息，设备完成工件焊接的自主编程，无需离线编程等人工编程操作，其中包括任务规划、运动路径规划及运动实现和焊接工艺实现等。适用于工厂信息化系统已建立、图纸的电子文档可传递到设备的情况。（2）无模型方式：在无工件CAD模型文件时，设备根据深度相机全景识别系统扫描工件生成的三维点云图，完成工件类型和包含的组件的智能识别与定位，而后自动完成工件焊接的编程。之前需要建立横肋板的类型库和组件的特征库，并建立与之对应的焊接工艺库。适用于工厂还未统一数据源、工件图纸的电子文档还未传递到设备等的企业发展阶段。

识别定位：深度相机全景识别系统扫描工件，识别工件位置，生成工件三维点云图，与图纸上工件三维信息进行比对，判断无误后，对自主编程路径做校正，显示自动焊接信息并提示操作人员启动自动焊接操作。或者在无CAD模型信息时，将生成的工件三维点云数据提供给工件识别算法软件完成工件的类型和组件的智能识别与定位，而后自动完成工件焊接的编程。

焊缝定位：根据矫正后工件位置和焊接工艺排好的焊接路径，将设备移动到焊接起始位置，按照符合工艺要求的方式开始焊接。由于工件存在偏差，所以在双枪下降过程中激光视觉系统将动态快速完成焊接起始位置的精确测量和定位。

跟踪焊接立焊和包角：起弧焊接后自动跟踪焊缝，从起点开始双枪焊接。在焊接过程中，三目视觉跟踪系统将自动精确识别和跟踪焊缝，修正规划路径，避免了单目焊缝跟踪难以实时焊接立体工件的缺陷，在焊接过程中实时完成焊接组件位置的精确测量和跟踪，完成焊接轨迹的水平转换和平角焊与立角焊之间的转换。视觉跟踪可以对大焊脚实现其他方式（如电弧跟踪方式）无法实现的高质量和高可靠性的多道跟踪焊接；实现焊道终点的判断和精确测量，保证双枪完成高质量的包角焊接。激光视觉系统可以识别焊缝大小，自适应调整焊接工艺参数，超限时提示报警或停弧。

完成一个横肋板的焊接后，按照规划路径进行下一个横肋板的焊接，直到完成工作平台区域内的所有工件的焊接任务。

3．节段智能总拼生产线建设标准研究

1）节段总拼智能化焊接技术研究

节段整拼焊接施工现场结构复杂，操作空间狭小，焊缝类型和位置多变，焊接质量控制难度较大。节段总拼智能化焊接技术研究针对这种情况，广泛运用便携式智能化焊接机器人进行钢箱梁总拼全位置焊接作业，提升焊接质量的一致性。对顶板、斜底板、腹板对接焊缝，横隔板横向、纵向对接焊缝等，研究采用小型便携式智能化焊接机器人焊接的可行性和需要的设备性能、工况要求、焊接工艺；对横隔板和腹板立位角焊缝、腹板和底板角焊缝等，研究采用便携式自动焊接小车的适用范围、焊接工艺和相关辅助措施；对顶板、底板纵向对接焊缝，研究盖面焊道采用埋弧自动焊的工艺及措施。

U形肋板单元与隔板之间等位置的焊缝，焊接结构复杂、焊缝短小、空间狭窄、焊缝形式多样，目前均采用人工焊接，焊接效率低、焊接质量控制难度大。开展智能化焊接机器人技术研究，设计合理的外部机械结构，研究机器人离线编程、自动寻位、自适应焊接等功能，解决U形肋板单元与隔板之间焊缝等此类复杂位置焊接的机器人适用性问题，可极大地提高焊接效率，保证焊接质量，并提升智能化水平。

2）无马/少马组装技术研究

钢箱梁构件尺寸大、刚度小、重量大，在组装时为了确保尺寸位置，必须采用临时固定措施；另外，焊接过程中不可避免地会产生焊接变形，为了控制焊接变形、确保构件外形和尺寸，也需要采取强制约束措施。传统构件固定约束方式是采用马板定位，增加了焊接、去除马板和修磨马板残留部位的工序，容易对母材造成损伤，且大量马板的存在不利于焊接自动化、智能化装备的应用。研究采用无马/少马组装定位技术研究，在控制变形、确保产品组装精度的同时，减少对结构母材的破坏，节省马板的焊接、去除和修磨工序，提高了生产效率，保证了焊接质量，也有利于高效焊接设备的应用。

3）节段总拼智能管理控制系统研究

基于BIM项目管理，协同制造云平台，集成PLM、REP、EAM、DNC系统以及焊接数据管理系统，实现节段智能总拼生产线与车间MES系统联网以及对车间设备的终端操控。

焊接数据管理系统通过网络实现焊接全过程监控。系统与焊接设备建立联系，对

施焊过程的焊接电流、电压、施焊速度等参数实现在线记录，使每条焊缝的焊接记录具有永久可追溯性，可根据需要对记录的焊接参数进行设备管理、焊材管理等统计分析，帮助管理人员对焊接作业进行管控。

运用基于莱卡技术的3D数字测量技术采集钢箱梁节段几何参数，自动生成三维实体模型，与BIM模型进行拟合，对比检查修整，提高其精度。

4．钢箱梁智能涂装生产线建设标准研究

1）磨料自动回收、自动加砂、自动除尘系统研发

钢箱梁喷砂除锈目前大多还是以人工为主，其中磨料的回收、除尘等劳动强度相对较大，本系统将通过研发一种磨料回收小车、一种皮带或齿条传送系统、一种多级筛分系统来实现磨料回收、加砂及除尘的自动化。

2）大型钢箱梁多功能喷砂房设计

通过对喷砂房工作尺寸、柔性大门结构尺寸及结构形式、全室除尘系统、照明系统、噪声控制系统、主要设备布局、主要管线布置等的设计，保证喷砂厂房能够满足深中通道项目大型钢箱梁自动化喷砂除锈质量及工效要求。

3）大型钢箱梁涂装高效漆雾处理系统的研发与应用

大型钢箱梁涂装具有涂料用量大、喷涂持续时间长、有机挥发物种类较多等特点，随着环保及职业健康要求的提高，传统的漆雾处理方式难以达到最新国标要求，需要研发更为先进的过滤、吸附及氧化系统，结合深中通道信息化要求，研发VOC在线监测系统。

4）大型钢箱梁喷砂机器人系统研发

根据深中通道钢箱梁喷砂要求，拟设计龙门八轴自动喷砂系统及底部轨道喷砂机器人等自动化喷砂系统，实现钢箱梁外表面无死角、全覆盖自动化喷砂功能。

5）大型钢箱梁涂装机器人系统研发

根据深中通道钢箱梁涂装要求，拟设计龙门八轴自动喷漆系统及底部喷漆机器人、双组份涂料配比系统等自动化喷漆系统，实现钢箱梁外表面无死角、全覆盖自动化喷漆功能。

6）大型钢箱梁涂装智能电控系统的研发

通过对智能电控系统的研发，实现喷砂、喷漆机器人线上及线下编程、机器人操作终端控制、可燃气体安全监测及报警、压差检测报警以及相关信息的传输与存储功能，并与深中通道其他智能制造部分实现信息共享。

2.2.2　正交异性钢桥面板高品质焊接接头抗疲劳性能关键技术研究

正交异性钢桥面板作为现代桥梁工程重要的标志性创新结构，具有自重轻、承载力高、适用范围广等突出优点，但结构体系和成型方式使得其在具备突出优点的同时，构造复杂、焊缝众多，在各主要构件相互连接和相互约束的部位均出现应力集中，焊接缺陷和制造误差更进一步加剧了其疲劳易损性，使得该结构在细节构造处易出现疲劳损伤，不仅会降低桥面板的承载力，也会缩短桥梁的使用寿命，成为制约正交异性钢桥面板发展的关键性问题。

对此，深中通道项目结合钢箱梁智能制造与品质工程的要求，通过数值模拟与模型试验相结合的方式，研究U形肋全熔透高品质焊接接头抗疲劳性能，完善U形肋全熔透双面焊接工艺的$S-N$曲线，科学指导深中通道项目钢箱梁智能制造与品质工程建设，以保障深中通道项目正交异性钢桥面板在设计寿命期的疲劳耐久性。

2.2.3　钢箱梁制造高品质焊接接头无损探伤检测技术研究

U形肋内焊技术在提高焊缝抗疲劳性能上找到了有效的解决办法，弥补了正交异性钢桥面板的技术短板，提高了此类结构在桥梁服役中的使用寿命。但作为焊缝新形式，仍然面临质量控制、缺陷检出、补焊和复探等问题，焊缝外观质量、表面缺陷、内部质量等焊缝共性质量指标仍受到工程领域的普遍关注。

由于U形肋内部空间狭小，检测条件受到限制，对于焊缝外观质量、表面缺陷、内部缺陷的无损检测，现有常规方法在检测实施、检测精度、检测可靠性方面都存在问题或不足。国内外也无有效或直接的针对U形肋内焊角焊缝无损检测和表面质量的检测方法及评定标准，既有的常规无损检测方法难以进行U形肋内外焊缝熔深测量和缺陷探查。

相控阵超声检测技术通过控制声束的聚焦和偏转，可实现快速准确的无损检测，减少探头移动范围，这对U形肋熔透焊缝的无损检测有较大的适应性和优势，但目前该技术在钢箱梁U形肋焊接检测中的应用较少，本项目基于相控阵超声检测技术开展钢箱梁制造高品质双面焊接接头无损探伤检测技术研究，进一步保障工程的焊接质量。

2.3 ｜ 本章小结

深中通道钢箱梁智能制造是钢结构制造行业转型升级，打造"交通强国、制造强国"的重要实施途径，是保证按照深中通道品质工程要求顺利实施的技术手段。通过本项目的实施，能够建立与完善大跨钢桥设计理论及钢箱梁智能制造工艺和检测流程，提升钢箱梁制造的数字化、智能化水平，促进国内钢桥制造技术水平快速发展，提高钢箱梁桥的制造质量。

钢箱梁板单元智能制造生产线的研制，使钢箱梁制造过程中，钢材切割的机械化率达97%以上（其中数控化率达95%以上），焊接自动化率达95%以上，实现钢箱梁板单元制造的机械化、流程化、高效化、自动化，有效提高产品质量和生产效率。

板材智能下料切割生产线、板单元智能焊接生产线中，U形肋组焊一体化技术、齿形板坡口精密数控切割技术、顶板立体单元机器人焊接技术、基于视觉识别和自主编程的横隔板、横肋板机器人焊接技术等均是首次在桥梁行业中应用。这些先进设备及工艺技术的应用不仅大幅提高了正交异性钢桥面板结构关键受力焊缝的疲劳性能，为深中通道项目桥梁高质量建设和长寿命服役提供了坚实的技术基础；同时起到了行业示范引领作用，有力地推动了行业技术进步，促使了我国钢箱梁板单元的制造水平达到一个全新的高度。

钢箱梁智能总拼生产线建设研究全面服务于钢箱梁节段整拼制造，研究应用便携智能化机器人焊接梁段整拼及环口焊接的主要焊缝，改善以往钢箱梁整拼制造全部依靠人工焊接、焊缝质量控制难度大的现状，既提高了焊接质量又提高了焊接效率，结合无马/少马焊接工艺研究和总拼智能管控系统研究，全面提高了总拼环节的智能化水平。

钢箱梁自动化涂装施工可以显著提高喷枪的移动速度，缩短生产节拍，能够保证涂装工艺的一致性，减少质量问题和返工，获得高质量的涂装产品，经济效益明显，且能够将工人从有毒、易燃、易爆的工作环境中解放出来。

依托深中通道项目进行的高品质焊接接头无损探伤检测技术及标准研究，为同类检测技术标准化工作提供了依据，开发的自动化检测技术和相控阵检测技术及方法，大大提高了检测的效率，保证了制造工期，并降低了检测成本。在U形肋内焊技术领先世界的同时，该项目的研究也让相应的检测技术和质量控制方法走在世界前列，形成系列化的配套应用技术，对国家桥梁技术的整体进步具有积极意义。

围绕顶板与U形肋全熔透双面焊等构造细节开展的正交异性钢桥面板抗疲劳性能及设计研究，通过对正交异性钢桥面板的构造细节及尺寸设计进行优化，可以显著提高结构的耐久性能，增加结构的疲劳寿命，对支撑深中通道项目抗疲劳设计，提高我国正交异性钢桥面板桥梁设计水平，完善大跨钢桥设计理论，提高桥梁使用年限，降低维修养护成本和运营成本具有重要的理论价值和实用价值。

第 3 章

正交异性钢桥面板
抗疲劳关键技术

3.1 |
概述

众所周知，正交异性钢桥面板疲劳耐久性是世界性难题，主要表现为其实际使用年限远低于设计寿命（通常不到15年），钢桥面板疲劳易损细节出现疲劳开裂，严重位置会伴生母材锈蚀、桥面坑槽及钢箱梁内渗水等次生病害（图3-1），从而严重影响桥梁结构的使用性能和服役质量。这不仅使维护和加固困难、费用高昂，而且加固时需长时间中断交通，导致重大的直接和间接经济损失以及恶劣的社会影响，已成为全球范围内阻碍桥梁工程性能设计和可持续发展的控制性难题。

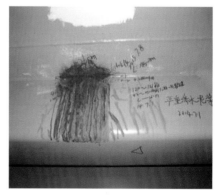

（a）顶板母材锈蚀　　　　　　　　　　（b）钢箱梁内渗水

图3-1　典型顶板疲劳裂纹引发的次生病害

自20世纪50年代问世以来，正交异性钢桥面板（简称钢桥面板）凭借重量轻、承载力大、施工速度快等优势而得到广泛应用，已成为当今大中跨钢桥采用的主要桥面结构形式。然而自其诞生以来，就不断有出现疲劳问题的报道。一方面是因为其本身结构焊接接头多，在局部轮载作用下的应力影响线很短，应力循环次数多，加之焊接过程会不可避免地产生焊接残余应力和初始裂纹缺陷；另一方面是因为当今日益严重的交通荷载状况，交通量与重载比例超过设计预期（图3-2）。

日本针对20世纪60～80年代初建成的钢桥所面临的突出疲劳问题，通过对构造设

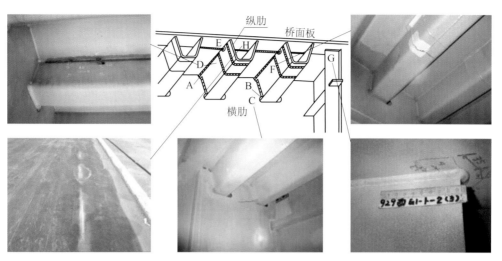

图3-2　正交异性钢桥面板疲劳问题典型表现

计、焊接工艺、加工制造不断进行研究、改进与实桥应用检验，使钢桥面板的疲劳裂纹数量有了大幅下降，其成果纳入了日本钢桥设计指南。根据2007年日本钢结构委员会厚板焊接接头调查研究分委员会对日本阪神高速公路和首都高速公路钢桥面板钢桥裂纹出现较大概率处的大约7000条疲劳裂纹的统计结果（表3-1），发现U形肋与横隔板交叉连接处、顶板与U形肋连接处、U形肋拼接连接处、主梁腹板竖向加劲肋与顶板连接处出现疲劳裂纹的概率最大，分别占疲劳裂纹总数的38.2%、18.9%、5.7%和31.5%（图3-3）。

疲劳裂纹统计占比　　　　　　　　　　　　　　　表3-1

编号	裂纹描述	统计占比
①	顶板与U形肋连接处	18.9%
②	U形肋、横隔板及面板焊接相交处（过焊孔）	0.9%
③、④	U形肋与横隔板交叉连接处（装配孔）	38.2%
⑤	顶板与横隔板连接处	2.3%
⑥	U形肋与端横隔板连接处	1.7%
⑦	主梁腹板竖向加劲肋与顶板连接处	31.5%
⑧	U形肋拼接连接处	5.7%

我国钢桥面板进一步吸收了日本钢桥设计与工程经验，在现代大跨钢桥设计中取消了⑦主梁腹板竖向加劲肋与顶板连接处构造，并将⑧U形肋拼接连接处采用的焊接

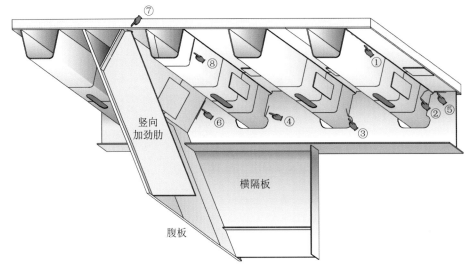

图3-3 疲劳裂纹分布位置示意图

连接改用疲劳抗力更高的高强度螺栓连接，进一步改善了正交异性钢桥面板结构疲劳问题。U形肋与横隔板交叉连接处、顶板与U形肋连接处成为目前我国钢桥面板最易疲劳开裂的两处构造细节，根据国内某钢桥疲劳裂纹的统计数量，可占疲劳裂纹总数量的90%以上。针对钢桥面板这两处构造细节的疲劳问题，国内外学者开展了大量的相关研究。

Fisher等对Bronx-Whitestone桥的研究发现，顶板与U形肋连接处的焊缝熔透率很难保证，熔透情况很随机，满足美国规范80%熔透率要求的焊缝最长连续长度仅为3.11m。Zhigang Xiao对这个问题进行了进一步研究，利用有限元分析得出在轮载作用下该接头区域的横向应力分布，并以应力结果和线弹性断裂力学理论为基础，得到该接头的设计疲劳强度，同时研究了应力幅的影响因素，分析结果表明，当顶板与U形肋连接焊缝的熔透率为75%时，顶板的表面应力远大于U形肋处的应力，这说明接头的疲劳强度由扩展到面板厚度的疲劳裂纹决定；增加轮载的分布区域或增加顶板的厚度可以降低面板的应力幅，从而明显提高接头处的疲劳寿命；这与加拿大学者Connor的研究成果基本一致，他认为U形肋与桥面板连接处的疲劳寿命与角焊缝未熔透区域的大小密切相关，如果未熔透区域较大，则不论面板多厚，都会产生疲劳裂纹。Kainuma等对19个大型足尺焊根细节试件进行了疲劳试验，通过比较裂纹扩展角、长度和深度，讨论了疲劳裂纹的形成规律及其影响因素，结果表明提高熔透率有利于防止焊根开裂。唐亮等研究了顶板与U形肋连接处顶板贯穿型疲劳裂纹的应力状态，发现顶板横向应力分布在横隔板截面和跨中部分差别较大，前者类似于固端梁，后者类似于弹性支承多跨连续梁，横隔板截面处萌生于焊根的顶板裂纹更易发生，并通过精细有限元方法发现，熔透率由60%增加到100%（全熔透），U形肋处热点应力可降低约10%，而采用双面焊，焊根处抗疲劳性能可大幅提高。吉伯海研究了横隔板处过焊孔对顶板与U形肋焊接受力的影响，过焊孔的设置削弱了横隔板对顶板的支撑作用，使过焊孔区域顶板应力有所增大。基于上述研究成果，世界各国对U形肋与顶板连接处的焊接细节均做了相应规定，以Eurocode 3为例，车行道处均需采用熔透的坡口角焊缝。目前，我国规定不少于85%的熔透率，并且近年来该连接处有向采用双面焊接构造的发展趋势，以进一步提高该处的抗疲劳性能（图3-4）。

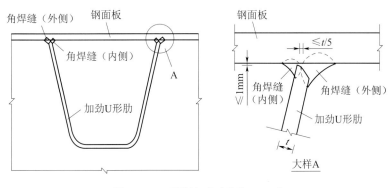

图3-4　双面焊接细节（单位：mm）

Donato Abruzzese和Antonio Grimaldi研究表明，U形肋与横隔板交叉处弧形缺口形状对开口边缘的应力分布产生重大影响，但是对横隔板、顶板和U形肋的竖直和纵向位移影响较小。张玉玲等提出U形肋与横隔板尺寸的合理匹配、恰当的弧形切口尺寸、良好的切口几何形状和表面状态是保证此处疲劳性能的关键要素，并基于有限元方法，对该构造进行了相关优化，得出该构造的合理形式，并建立了肋厚与横隔板弧形缺口尺寸之间的关系。唐亮等人研究发现，横梁高度对引起横梁弧形切口周边疲劳裂纹各作用的发挥有决定性的影响，横梁高度增加，横梁的整体行为效应降低，局部行为效应增加，对于矮横梁（横梁高度小于750mm），横梁弧形切口周边疲劳裂纹的控制位置位于剪跨段内，而对于高横梁，横梁弧形切口周边疲劳裂纹的控制位置则位于轮荷载直接作用处，我国采用较多的扁平钢箱梁实腹式横隔板与刚性横梁（高度很大的横梁）相似。祝志文等通过采用有限元方法，分析了弧形切口疲劳细节在移动轮载作用下的应力响应特征，研究结果表明，弧形切口细节的疲劳评估结果与名义应力提取位置密切相关，可采用热点应力法并基于FAT125的疲劳寿命曲线进行弧形切口的疲劳评价，也可根据疲劳等效原则提取距切口边缘5mm处的应力，基于名义应力法开展疲劳评价，并建议采用欧洲建筑规范中圆弧半径较大的公路桥梁切口形状，且当横隔板厚度不小于12mm时，弧形切口细节的应力幅小于截止应力幅，为无限疲劳寿命，横隔板弧形切口的开裂与切口形状不佳、横隔板厚度偏小、制造工艺不完善以及货车通行量大等因素密切相关。卜一之等人研究了U形肋与横隔板焊接细节的制作误差对其疲劳抗力的劣化效应的影响，研究结果表明：试验模型中产生了横隔板犄角切割垂直度误差（I区）与横隔板开孔切割断面凹陷误差（Ⅱ区），其中I区制作误差的产生难以改变疲劳裂纹开裂模式；Ⅱ区制作误差削弱了横隔板开孔犄角处的纵向刚度，减轻了横隔板对围焊下方的约束；相对于无制作误差工况，Ⅱ区初始制作误差工况关注细节疲劳寿命减少了21.4%，试验制作误差工况关注细节疲劳寿命减少了28.5%，说明Ⅱ区制作误差对纵肋与横隔板焊接细节具有显著的劣化效应。基于上述研究成果，对于U形肋与横隔板交叉处的疲劳性能，关键取决于弧形切口尺寸和切口制造工艺两个方面。一方面，弧形切口设计尺寸要综合考虑横隔板厚度、U形肋刚度等因素，欧洲和日本已经得出比较成熟的成果（图3-5）；另一方面，弧形缺口制造工艺要求较高，在制造过程中要尽量避免人为缺陷（造成应力集中）。Eurocode 3明确规定了此处的制造要求，美国2012年出版的《正交异性钢桥面板桥梁设计、施工及养护手册》也进一步规范了钢桥面板的设计和制造。我国近年来，在横隔板单元焊接工序中引入横隔板焊接机器人系统，以实现横隔板单元的自动化焊接，焊缝外观质量得到大幅提高。

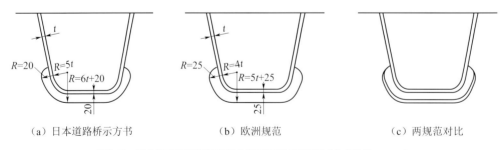

（a）日本道路桥示方书　　　　（b）欧洲规范　　　　（c）两规范对比

图3-5　日本规范与欧洲规范给出的弧形缺口细节对比（单位：mm）

鉴于U形肋单面焊对于焊接细节抗疲劳性能的不利影响，日本学者尝试进行了双面焊技术研发，但由于U形肋内焊技术难度高，未实现工业化生产和推广应用。2011

年我国开始研究U形肋内焊技术来实现U形肋内外双面焊接，以提高焊接细节的疲劳寿命。早期方案为采用自驱动焊接小车进入U形肋内部进行焊接，但其存在可靠性差、焊接效率低等问题，为有效保障焊接可靠性和焊接效率，钢桥制造厂攻克了内焊机结构设计、远距离送丝、低飞溅焊接和焊缝检测等关键技术，因此，深中通道采用双面埋弧全熔透焊接技术提升钢箱梁结构质量，通过对U形肋内焊技术的改进升级，实现全桥钢结构桥梁的应用。

3.2 | 深中通道正交异性钢桥面板疲劳抗力评估

为研究深中通道钢桥面板顶板–U形肋全熔透双面焊疲劳性能，以深中通道伶仃洋大桥（即深中大桥）正交异性钢桥面板为对象，采用ABAQUS软件建立节段有限元模型，通过预测车流量，计算全熔透双面焊顶板–U形肋焊缝这一疲劳细节的等效应力幅，评估全熔透双面焊顶板–U形肋焊缝部位的疲劳强度。

3.2.1 等效疲劳荷载分析

首先开展深中通道伶仃洋大桥等效疲劳荷载分析。预测车流数据见表3–2。根据等效应力幅公式，计算等效单位车总重：

$$W_{eq} = \left(\sum W_i^m f_i \right)^{1/m} \qquad (3-1)$$

式中，W_i 和 f_i 分别为每种车型的总重和出现的频率；m 为 S-N 曲线反斜率，对于焊接结构取3。

根据式（3–1），可得等效单位车总重 W_{eq} =（ $10.5^3 \times 73.7\%$ + $17.5^3 \times 14.7\%$ + $25.0^3 \times 4.0\%$ + $29.5^3 \times 3.9\%$ + $40.0^3 \times 3.7\%$ ）$^{1/3}$ = 17.80t。将等效单位车总重按式（3–2）转化为通过200万次的等效疲劳车总重：

$$W_{eq,200} = W_{eq} \times (N/200)^{1/3} \qquad (3-2)$$

式中，N 为按最不利原则基于交通量得到的等效单位车流量，单位为万辆。

预测年车流量为1632.5万辆，换算得到200万次的标准疲劳车车重，根据式（3-2），可得200万次的等效疲劳车总重$W_{eq,200}=17.80\times(1632.5/200)^{1/3}=35.84t$。根据《公路钢结构桥梁设计规范》JTG D64—2015，标准疲劳车总重为48t，等效疲劳车的折算系数$n=35.84/48=0.75$。

伶仃洋大桥预测车流数据　　　　　　　　表3-2

车型	等效车重（kN）	车重分布（kN）	比例	车辆数（万辆）
2轴车	105	35+70	73.7%	1203.1
3轴车	175	40+45+90	14.7%	240.0
4轴车	250	45+60+70+75	4.0%	65.3
5轴车	295	55+80+60+50+50	3.9%	63.7
6轴车	400	55+65+70+70+70+70	3.7%	60.4
合计				1632.5

各类车型代表的疲劳车辆荷载模型示意如图3-6所示。

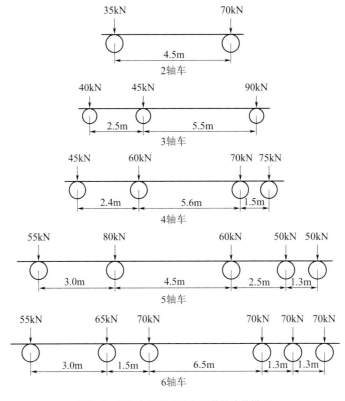

图3-6　各类车型代表的车辆荷载疲劳模型

3.2.2 节段有限元模型

利用有限元软件ABAQUS，建立含双面焊顶板–U形肋细节的钢桥面板节段模型。采用简化的计算模型进行分析可以确保足够的精度。节段模型横向取6根U形肋，纵向取8个横隔板。模型的顶板、U形肋、焊缝尺寸与双U形肋试验试件一致，模型顶板尺寸为3600mm×22400mm×16mm，横隔板尺寸为3600mm×1200mm×14mm。网格划分同样采用六面体C3D8R和四面体C3D10两种单元进行划分，采用实体建模，整体单元类型为C3D8R，整体网格尺寸为50mm，取4号横隔板和5号横隔板之间的4号U形肋靠中的焊缝进行细化处理，网格尺寸为1mm，过渡区域采用C3D10单元类型，焊缝周围顶板厚度方向网格划分为16层，约束横隔板断面所有平动自由度和转动自由度，约束边缘U形肋端面的平动自由度。名义应力控制点取距离焊缝10mm的位置，使该部位名义应力为100MPa。钢桥面板节段模型如图3-7所示。

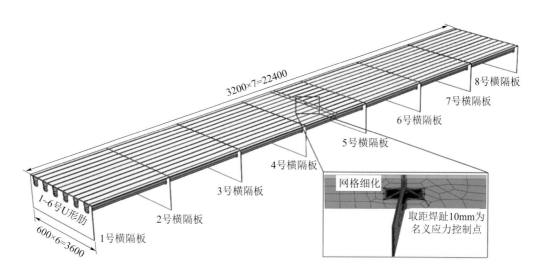

图3-7 钢桥面板节段模型（单位：mm）

3.2.3 等效应力幅计算

根据《公路钢结构桥梁设计规范》JTG D64—2015，模型的荷载取值应采用疲劳车辆荷载模型Ⅲ，车轮着地面积为600mm×200mm，压强为0.5MPa。由于距关注内焊趾位置较远的轮载对焊趾处应力影响可忽略不计，为了方便计算和加载，使用双轮加载模型。如图3-8所示，荷载中心的x轴坐标值为e_x，初始$e_x=-0$mm，随后向x轴正向以150mm为1个加载步，当$e_x=600$mm时停止，横向位置共有5个加载步。

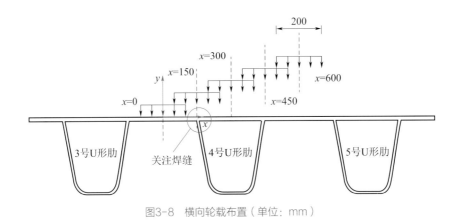

图3-8 横向轮载布置（单位：mm）

通过计算，得到顶板-U形肋焊缝部位在不同横桥向加载位置的等效应力幅（表3-3），可以判断出最不利加载位置为$e_x=150$mm，见表3-3。

不同横桥向加载位置的等效应力幅 表3-3

横向加载中心（mm）	0	150	300	450	600
应力（MPa）	−91.588	−104.033	−55.941	−19.841	−4.915

考虑轮载横向位置概率的影响，等效应力幅的计算公式见式（3-3）：

$$\Delta S_{eq} = \left(\sum_{i=1}^{5} \Delta S_i^m f_i \right)^{1/m} \quad (3-3)$$

式中，ΔS_i和f_i分别是根据雨流法求出的四轴疲劳车在不同轮载横向位置通过1次所对应的应力幅及分布概率（根据《公路钢结构桥梁设计规范》JTG D64—2015，最不利横向位置的分布概率取0.5，其他位置取0.18与0.07）。

根据标准疲劳车有限元模型计算得出的结果，可得到标准疲劳车荷载下等效应力幅：$\Delta S_{eq} = (0.5 \times 104.03^3 + 0.18 \times 91.588^3 + 0.18 \times 55.941^3 + 0.07 \times 19.841^3 + 0.07 \times 104.03^3)^{1/3} = 93.3$MPa

最终得到等效疲劳车荷载下的等效应力幅：

$\Delta S_{eq}' = \Delta S_{eq} \times n = 93.3 \times 0.75 \approx 69.98$MPa

3.2.4　疲劳寿命评估结果

基于预测车流数据计算所得深中通道伶仃洋大桥的合理等效疲劳车总重约为标准疲劳车的0.75倍，其顶板–U形肋全熔透双面焊构造细节的等效应力幅为69.98MPa，接近于《公路钢结构桥梁设计规范》JTG D 64—2015中规定的疲劳强度70MPa。

3.3 ｜顶板与 U 形肋连接处双面全熔透焊接构造疲劳强度测试

开展顶板–U形肋局部试件的疲劳试验，评估全熔透双面焊顶板–U形肋焊缝部位的疲劳强度。随后基于试验试件焊缝尺寸的测量结果和有限元模型计算不同焊缝尺寸对疲劳性能的影响。

3.3.1　顶板与U形肋全熔透双面焊接头疲劳试验设计

1. 试验模型设计原则

试验模型设计的主要原则在于模型能够较为准确地反映实际结构的主要力学特征，试验模型中的部分次要影响因素可忽略。试件的尺寸一般根据研究目标、试验设备及场地大小综合确定。通常试验模型的受力特性及其应力分布与实际结构间不可避免地存在一定程度的差异，设计试验模型时应遵循如下原则控制上述差异：

（1）该差异应在可以接受的范围内，否则将显著影响试验研究目标的实现。

（2）模型待研究部位的应力应略大于或等于实际结构的应力，以便得到偏于安全的试验结果。

在试验过程中，通过试验模型与对应的实桥疲劳关注细节处的几何相似、质量分布相似、物理相似和受力模式相似来保证试验结果的可信度。试验模型主要板件的板厚、构造细节尺寸与实桥疲劳关注细节处的完全一致以保证几何相似；试验模型的板件材料与实桥材料一致以保证质量分布相似；试验模型的制造和焊接工艺与实桥的完全一致，且试件与实桥疲劳关注细节处的局部比例为1∶1以保证物理相似。

为使疲劳试验模型加载时能够真实反映实际桥梁的受力状态，在进行本次疲劳荷载试验时，将进行静载加载以确定各个疲劳易损细节试验模型目标位置的主拉应力最大值实测结果是否与实际桥梁等效，并且验证试验模型目标位置处及其附近处主拉应力分布情况是否与实桥相同。

2．试验模型设计

本次试验中局部足尺试件制作材料采用Q345q桥梁专用钢材，材料特性应符合《桥梁用结构钢》GB/T 714—2015的相关规定。局部足尺试件加工委托专业桥梁钢结构加工厂进行，通过统一的机械化操作流程，保证局部足尺试件工艺水平和加工质量与实桥结构相接近。指派经验丰富并具有焊接资质的桥梁钢结构焊接工人进行试件焊接，最大限度保证该批次局部足尺试件的焊接顺序及焊接质量相近，所有试件在制作完成之后均应由专业检测人员进行磁粉探伤检测及超声探伤检测。其中，U形肋与顶板焊接处采用全熔透焊接。根据河海大学现有试验机架和试验设备参数，确定了双U形肋模型设计中预留螺栓孔位位置及数量等参数，试件平、立面尺寸如图3-9所示。

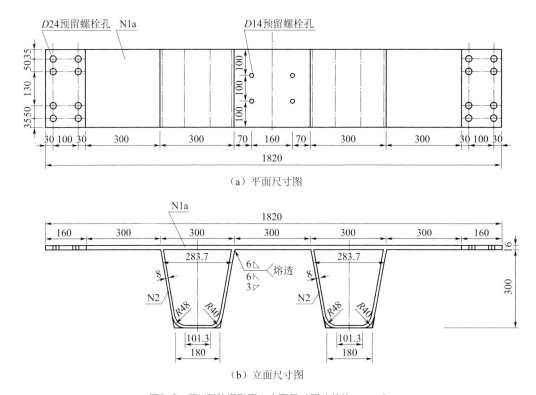

（a）平面尺寸图

（b）立面尺寸图

图3-9 双U形肋模型平、立面尺寸图（单位：mm）

双U形肋模型材料数量明细见表3-4。

双U形肋模型材料数量明细表　　　　　　表3-4

编号	材料	规格（mm）	单件净重（kg）	数量	净重（kg）
N1a	Q345qD	1820×300×16	68.5	7	479.5
N2		U300×300×8×300	14.2	14	198.8
合计					678.3

3．疲劳试验装置

试验加载装置采用小型振动疲劳试验机，该试验机在转动轴两侧各置两枚偏心块，试验机启动时偏心块在电动机带动下开始转动从而带动试件上下振动，实现对试件的弯曲疲劳加载，疲劳试验机工作原理如图3-10所示。试验机输出荷载幅可以通过调节偏心块夹角来调节。该试验机输出荷载稳定，振动频率较高且输出荷载调节较为方便，相较于大型MTS液压伺服疲劳试验机而言，具有购置成本低、使用能耗小、试验效率高等显著特点，更适合针对单个疲劳细节局部足尺试件进行大批量试验。

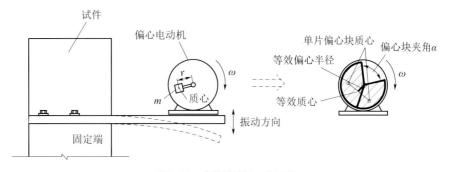

图3-10　疲劳试验机工作原理

本试验采用uT7800动静态应变采集分析系统对试件加载过程中的应变进行实时监测，其中动态应变仪共有32个通道，全部通道最高同步采样频率可达5120Hz，本试验采样频率为256Hz，试验过程中同时显示采集数据及曲线，uT7800动静态应变仪如图3-11所示。

图3-11 uT7800动静态应变仪

4．加载与测试方案

纵观这些年的研究情况，钢桥面板的疲劳问题研究最主要也是最有效的方法还是疲劳模型试验。按照模型试件的尺寸规模来分，疲劳模型试验可大致分为三类：焊缝模型试验、试件模型试验与节段模型试验。

其中，节段模型按实际结构的构造尺寸进行制造加工，包含多个纵肋和横隔板，其规模和尺度相对较大，可同时引入多个不同的构造细节，板件的加工精度、焊接工艺、焊接缺陷、焊接残余应力等与实际结构基本一致，能够更为准确地模拟疲劳敏感细节的实际受力状态，能够通过单点、异步多点甚至滚动加载的方式进行疲劳试验研究，但由于此类试验往往试验周期长、投入成本高、设备及场地要求高，只能在投资大、周期长的某些工程中才能得以推广应用，市场规模极为有限，也不利于尽早丰富和完善适用于我国国情的钢桥面板疲劳强度试验数据库，从而制约了我国的钢桥设计、制造及试验水平。因此，十分有必要研究一种钢桥面板简易高效疲劳加载试验技术，经济高效地服务于更多实际钢桥工程，尽早丰富和完善我国钢桥面板疲劳强度试验数据库，建立适应于我国钢桥面板设计、制造及疲劳试验标准，这对提升我国钢桥建造和养护维修技术水平，降低桥梁全寿命周期成本具有十分积极的促进作用。

对此，深中通道自2020年9月起开始进行适宜试件模型的简易高效试验工装研究，2020年11月完成工装初步设计，包括带反力槽地基、装配式框架梁、弹簧加载器、振动加载器、编码控制器与数据采集器等（图3-12）。

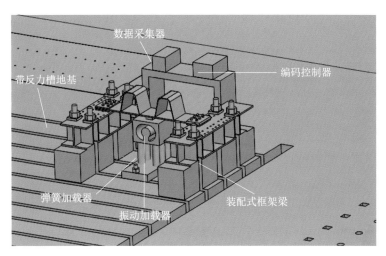

图3-12　工装初步设计草图

后经逐步细化设计、验算与分析，最终完成适用于试件模型的疲劳试验工装方案，如图3-13所示。

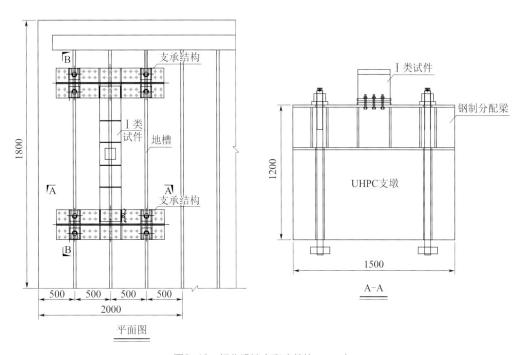

图3-13　细化设计方案（单位：mm）

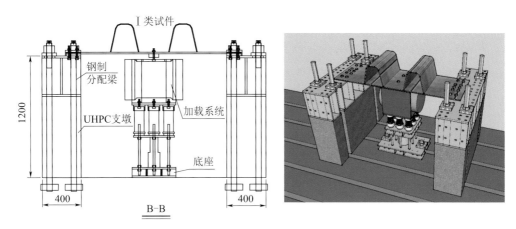

图3-13 细化设计方案（续）（单位：mm）

目前，该试验工装已于2021年3月完成调试（图3-14），加载频率可实现12～25Hz无级调速，将传统疲劳试验常见的3Hz加载疲劳提升了4倍以上，为项目试验要求周期短、疲劳模型试验多、试验数据充足充分提供了有力支撑和保障。

图3-14 加工完成的试验工装

5. 有限元分析

为验证试验模型的合理性，首先建立顶板-双U形肋试件模型，模型约束及加载如图3-15（a）所示，尺寸依据试件图纸确定。同样采用六面体C3D8R和四面体C3D10两种单元进行网格划分，模型采用实体建模，整体单元类型为C3D8R，整体网格尺寸为50mm，所关注的顶板区域细化网格尺寸为1mm，过渡区域采用C3D10单元类型。在试件模型两端加完全固定约束。在U形肋正中心部位也选取一尺寸为300mm×220mm的平面作为加载面。取顶板–U形肋靠跨中的焊缝外侧10mm处作为名义应力计算点，通过调整模型中的荷载集度，使该点的名义应力（σ_{nom}）为100MPa。

为实现应力比为0.2的加载方式，采用周期荷载进行加载，将加载幅值的波谷与波峰的比值调整至0.2，周期荷载采用傅里叶级数模式进行加载，将傅里叶级数中的参数A_0设为1.5，A_1设为1，其余参数均设置为0，即能表达出应力比为0.2的幅值，最后的幅值曲线如图3–15（b）所示。

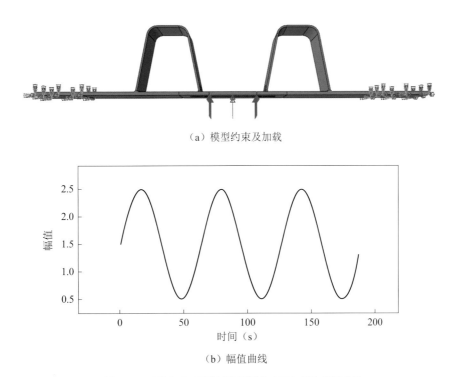

（a）模型约束及加载

（b）幅值曲线

图3-15　顶板-双U形肋试件模型约束及加载和幅值曲线

根据背景工程相关尺寸数据，建立局部足尺节段模型，该模型的顶板、U形肋、焊缝尺寸与双U形肋试验试件一致，全模型顶板尺寸为3600mm×22400mm×16mm，横隔板尺寸为3600mm×1200mm×14mm。同样采用六面体C3D8R和四面体C3D10两种单元进行网格划分，模型采用实体建模，整体单元类型为C3D8R，整体网格尺寸为50mm，所关注的顶板区域细化网格尺寸为1mm，过渡区域采用C3D10单元类型，焊缝周围顶板厚度方向网格划分为16层，约束横隔板断面所有平动自由度和转动自由度，约束边缘U形肋端面的平动自由度。取中间两个U形肋靠中焊缝部位为名义应力控制点，使该部位名义应力同样为100MPa。加载范围选取中跨中间位置两个U形肋之间，加载面积与双U形肋试件模型一致，如图3-16所示。

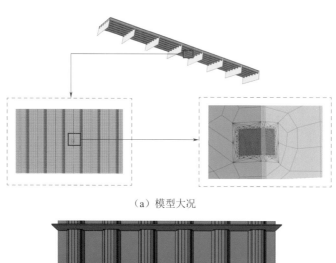

（a）模型大况

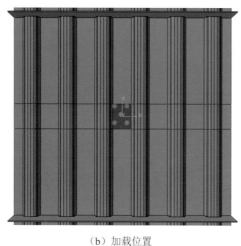

（b）加载位置

图3-16　局部足尺节段模型图

经过计算得到局部足尺节段模型的应力云图和位移云图，如图3-17所示。最大应力位置出现在U形肋外侧焊趾部位，最大竖向位移出现在跨中位置。

取模型正中位置的变形数据，提取局部足尺节段模型与双U形肋试件模型的变形曲线并进行对比，如图3-18所示。

由图3-18可知，在相同焊缝尺寸条件下，局部足尺节段模型与双U形肋试件模型在变形值上存在较小差异，顶板竖向位移存在10mm左右的差距，数量级一致；U形肋腹板横向变形均在0.5mm内，可忽略不计。综上，双U形肋试件模型较合理。

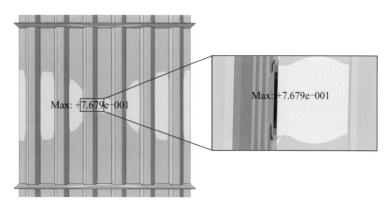

（a）应力云图

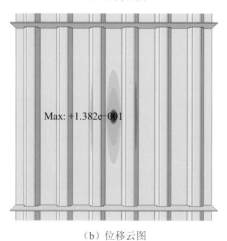

（b）位移云图

图3-17 局部足尺节段模型计算结果

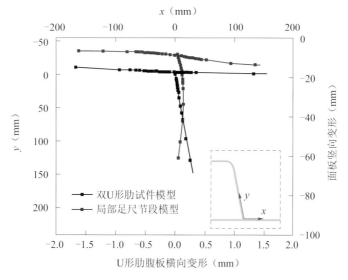

图3-18 局部足尺节段模型与双U形肋试件模型变形曲线对比

3.3.2 顶板与U形肋全熔透双面焊接头疲劳强度研究

1．疲劳试验

针对正交异性钢桥面板的疲劳问题，选取钢桥面板局部足尺模型作为研究对象，开展双U形肋疲劳裂纹试验，主要研究内容包括：

（1）针对焊缝全熔透的双U形肋模型，开展疲劳加载试验直至出现裂纹，采集试件的母材应变、裂纹扩展长度、循环加载等数据，对试件的疲劳破坏特征进行描述和分析，并研究双U形肋模型的疲劳性能。

（2）通过改变应力比（表3-5），研究不同应力幅对焊缝全熔透双U形肋产生的疲劳裂纹的影响。

试件应力比 表3-5

试件分组	试件编号	试件个数	目标应力幅（MPa）	应力比R
A	A1～A3	3	100	$A_1=0.5$，$A_2=0.4$，$A_3=0.2$
B	B1～B3	3	50	0.2
C	C1～C3	3	75	0.2
D	D1～D3	3	125	$D_1=0.4$，$D_2=0.3$，$D_3=0.3$
E	E1～E3	3	150	0.2
F	F1～F3	3	175	0.1

2．结果分析

将已完成的18组疲劳试验数据汇总得到表3-6所示结果。

疲劳试验数据表 表3-6

试件编号	疲劳寿命加载次数（万次）	名义应力（MPa）	热点应力（MPa）	疲劳失效位置	备注
A1	120	102.9	114.7	内焊趾	$R=0.5$
A2	389	100.6	116.6	内焊趾	$R=0.4$
A3	1000	101.1	115.1	暂无	$R=0.2$
B1	1000	55.8	67.7	暂无	$R=0.2$
B2	1000	57.8	64.1	暂无	$R=0.2$
B3	1000	71.4	73.2	暂无	$R=0.2$
C1	1000	69.7	79.8	暂无	$R=0.2$

续表

试件编号	疲劳寿命加载次数（万次）	名义应力（MPa）	热点应力（MPa）	疲劳失效位置	备注
C2	1000	70.1	81.1	暂无	$R=0.2$
C3	1000	76.9	84.7	暂无	$R=0.2$
D1	243	116.2	135.9	内焊趾	$R=0.4$
D2	148	110.8	132.7	内焊趾	$R=0.3$
D3	411	113.5	137.1	母材	$R=0.3$
E1	79	144.6	152.2	内焊趾	$R=0.2$
E2	64	147.9	157	内焊趾	$R=0.2$
E3	58	143.1	159.1	外焊趾	$R=0.2$
F1	85	158	180.6	内焊趾	$R=0.1$
F2	48	159.6	179.4	内焊趾	$R=0.1$
F3	41	156	179.4	内+外焊趾	$R=0.1$

由于试验过程中实际加载应力幅与理论加载应力幅存在一定偏差，为了获得试件在这名义应力和热点应力下的裂纹萌生寿命，需采用如下公式将实际应力幅S对应的循环次数N统一为指定应力幅下的等效循环次数。

$$N_{eq} = (S/S_e)^m \times N \qquad (3-4)$$

式中，N_{eq}为等效循环次数；S_e为指定应力幅，依据加载工况分别确定；m为S-N曲线斜率的负倒数，此处取3。

分别采用名义应力和热点应力法，对试验数据进行处理，结果如图3-19、图3-20

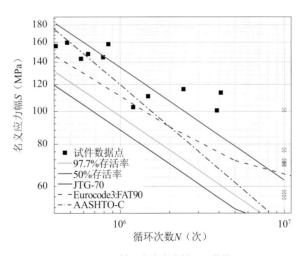

图3-19　基于名义应力的S-N曲线

所示，由于试件A3、B1～B3、C1～C3未开裂，因此数据点不放入计算。

根据图3-19可知，该组试件的数据均在JTG-70曲线上，部分点位出现在欧洲规范Eurocode3：FAT90和美国规范AASHTO-C曲线之下，试件的疲劳强度达到了国内规范的设计要求。基于疲劳试验数据，拟合得到具有97.7%存活率的$S-N$曲线（m值取3）（图3-20）。根据疲劳强度定义，得到顶板–U形肋焊缝细节疲劳强度值约为76.8MPa。

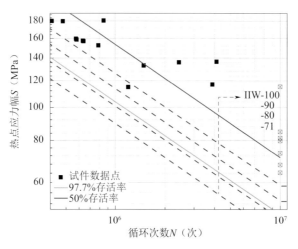

图3-20　基于热点应力的$S-N$曲线

根据图3-20可知，该组试件的数据有一个点落在国际焊接学会规定的IIW-100曲线之下，其余数据均在IIW-100曲线之上。同样，参照国际焊接学会（IIW）规范，拟合得到具有97.7%存活率的$S-N$曲线（m值取3）。根据疲劳强度定义，得到顶板–U形肋焊缝细节疲劳强度值约为82.6MPa。

基于名义应力法和热点应力法的疲劳强度评估结果分别为76.8MPa和82.6MPa，均满足《公路钢结构桥梁设计规范》JTG D64—2015的要求，其差值百分比为7.6%。

3.3.3　焊缝接头尺寸影响分析

1. 焊缝尺寸测量

受制作工艺、材料等因素的影响，实际试件的焊缝尺寸与设计图纸存在差异。选取目前未上架的4个顶板–U形肋试件（SJ4～SJ7）以及已完成试验的试件（SYJ1-6）

进行焊缝尺寸测量。从左到右将试件上的焊缝命名为测点1～测点8，并规定沿U形肋垂直方向焊脚长度为a，沿顶板方向焊脚长度为b，如图3-21所示。

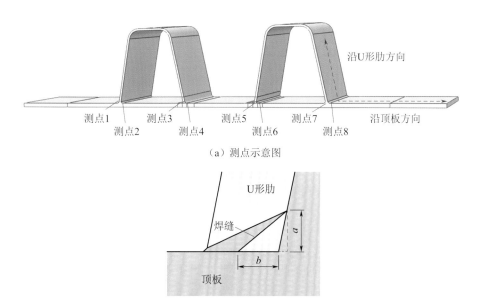

（a）测点示意图

（b）焊缝尺寸长度值示意图

（c）焊缝倒模测量示意图

图3-21　焊缝尺寸测量

焊缝尺寸测量数据见表3-7。可知，SJ4～SJ7与SYJ1-6及设计图纸中的焊缝尺寸存在差异。SJ4～SJ7试件焊缝平均尺寸为 $a×b=9.20\mathrm{mm}×7.45\mathrm{mm}$，SYJ1-6试件焊缝平均尺寸为 $a×b=7.34\mathrm{mm}×7.20\mathrm{mm}$。设计图纸中焊缝尺寸为 $a×b=5.88\mathrm{mm}×6.00\mathrm{mm}$。

焊缝尺寸测量数据统计表   表3-7

沿U形肋垂直方向焊脚长度a（mm）									
试件编号	测点1	测点2	测点3	测点4	测点5	测点6	测点7	测点8	平均值
SJ4	9.3	8.3	8.8	8.8	9.3	9.3	9.3	8.8	
SJ5	8.8	9.3	8.3	8.8	10.3	9.3	9.8	9.3	9.20
SJ6	9.3	9.3	9.3	8.8	9.8	9.3	8.8	9.8	
SJ7	9.3	8.8	9.3	9.8	9.3	8.8	9.3	9.8	
SYJ1-6	7.2	7.5	7.5	7	7.5	7.5	7.5	7	7.34
设计图纸									5.88
沿顶板方向焊脚长度b（mm）									
试件编号	测点1	测点2	测点3	测点4	测点5	测点6	测点7	测点8	平均值
SJ4	7	7.5	7.5	7	7.5	7.5	8	7.5	
SJ5	7.5	8	8	7	8.5	7	7.5	7	7.45
SJ6	7.5	7.5	7	7	7	6.5	7.5	7	
SJ7	7.5	9	7.5	7	7.5	8	7.5	7.5	
SYJ1-6	7.2	7	7.2	7	7.5	7.5	7	7.2	7.20
设计图纸									6.00

2．焊缝有限元模型

根据实际试件的焊缝测量结果，结合试件SYJ1-6和设计图纸的焊缝尺寸，利用有限元软件ABAQUS进行计算，研究不同焊缝尺寸对顶板–U形肋模型应力分布的影响。建立各构造细节的有限元模型，设置材料属性与试验以及实桥的钢桥面板材料一致，均为Q345qD钢，弹性模量为206GPa，泊松比为0.3，分别建立3个不同焊缝尺寸的有限元模型进行分析对比，其他部位尺寸均一致，其中模型三与双U形肋模型一致。模型焊缝尺寸见表3-8。

模型焊缝尺寸   表3-8

序号	选取背景	沿U形肋垂直方向焊脚长度 a（mm）	沿顶板方向焊脚长度 b（mm）
模型一	试件SJ4 ~ SJ7	9.20	7.45
模型二	试件SYJ1-6	7.34	7.20
模型三	设计图纸	5.88	6.00

1）约束及加载条件

模型一至模型三中的约束及加载情况如图3-22所示。在试件模型两端加完全固定约束。在U形肋正中心部位也选取一尺寸为300mm×220mm的平面作为加载面。取顶板-U形肋靠跨中的焊缝外侧10mm处为名义应力计算点，通过调整模型中的荷载集度，使该点的名义应力为$\sigma_{nom}=100$MPa。模型划分情况和应力比加载方式与双U形肋模型一致。

图3-22　焊缝计算模型

由于实际试验加载中，荷载面位于顶板的下底面，而模型计算中荷载面在顶板上底面。因此，对比了荷载面分别在顶板上底面和下底面时的应力计算结果以验证两种加载方式的结果相似，应力对比如图3-23所示。

由图3-25可知，荷载的位置变化对U形肋腹板两侧的应力集中的趋势影响较小，U形肋外焊趾处应力峰值几乎

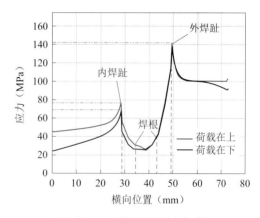

图3-23　不同荷载面位置应力对比

没有变化，而U形肋腹板另一侧峰值略微减小，差值约为8MPa。荷载面位置变化只改变两侧应力峰值的差值，并不改变原有的应力分布状况，因此荷载加载在上、下表面的结果具有一致性。

2）网格划分

采用六面体C3D8R和四面体C3D10两种单元进行网格划分，在两个U形肋靠中的焊缝中心区域都采取细化处理，如图3-24所示。

3. 焊缝尺寸有限元计算结果分析

对3种焊缝尺寸的有限元模型进行计算分析，应力取值点路径如图3-25所示，分别得到试件沿路径的应力分布（图3-26～图3-28）。

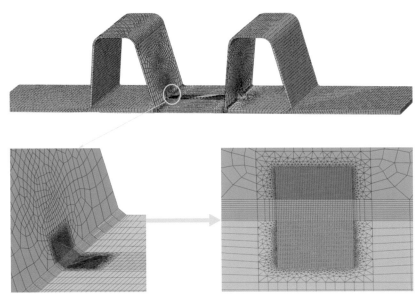

图3-24　网格划分及局部细化

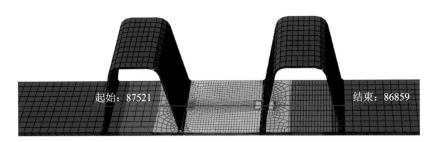

图3-25　取值点路径

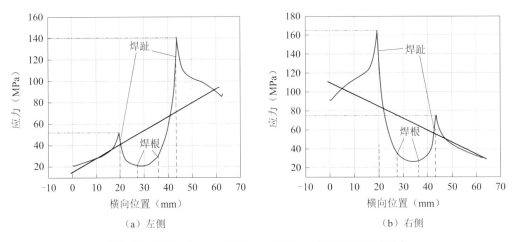

（a）左侧　　　　　　　　　　　　　（b）右侧

图3-26　模型一（$a \times b = 9.20\text{mm} \times 7.45\text{mm}$）焊缝部位应力分布

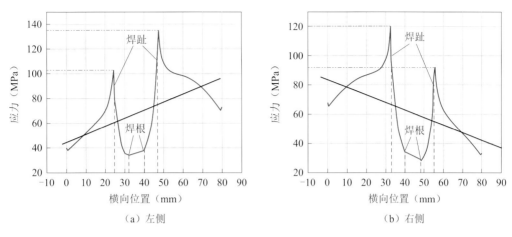

图3-27 模型二（$a \times b = 7.34mm \times 7.20mm$）焊缝部位应力分布

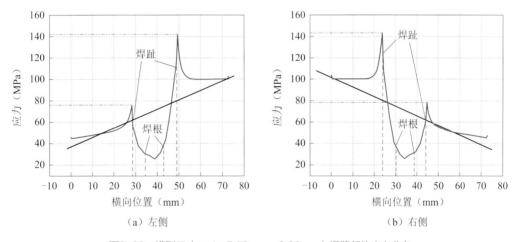

图3-28 模型三（$a \times b = 5.88mm \times 6.00mm$）焊缝部位应力分布

由图3-26 ~ 图3-28可知，3个试件模型的最大应力点均出现在U形肋外焊趾处。最大应力位置如图3-29所示。

模型一最大应力点出现在外焊趾处，试验中试件SJ1 ~ SJ3的数据显示U形肋外焊趾计算所得的名义应力及热点应力均大于U形肋内焊趾计算值，表明模型计算与试验数据相符合。

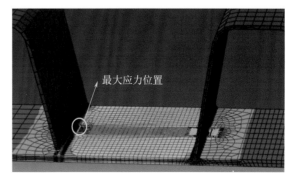

图3-29 最大应力位置示意图

1）竖向位移对比

将不同焊缝尺寸试件模型的竖向位移及足尺模型竖向位移值绘入图3-30，路径选取与图3-25一致。

由图3-30可知，依据设计图纸尺寸的模型三的竖向位移始终小于模型一和模型二，跨中位置最大位移为15.2mm。在焊缝加密区，模型一的竖向位移值略大于

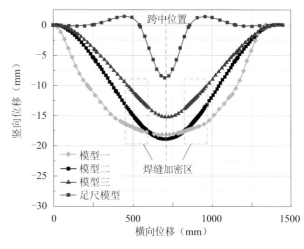

图3-30　模型竖向位移对比

模型二，最大差值为2.69mm，而跨中位置的位移值略小于模型二，两者的最大值分别为18.18mm和18.90mm，差值为0.72mm。由此可知不同焊缝尺寸对竖向位移的影响不明显。

而足尺模型由于整体刚度及约束位置与试验模型存在差异，变形规律也有一定的差异，在焊缝加密区，足尺模型存在微微上翘的现象。足尺模型最大竖向位移为8.9mm，小于试验试件模型。

2）疲劳应力幅

基于ABAQUS模型，研究不同焊缝尺寸（焊缝高a、焊缝宽b）对疲劳应力幅的影响，控制模型荷载集度，使顶板-U形肋模型中靠跨中的焊缝4处的名义应力为100MPa，并在模型板宽方向中心位置，选取距离焊趾$0.4t$、$1.0t$的单元点，用于确定热点应力，热点应力采用两点法进行计算，具体如图3-31所示。两点法热点应力计算公式为：

$$\sigma_{hs1}=1.67\sigma_{0.4t}-0.67\sigma_{1.0t} \tag{3-5}$$

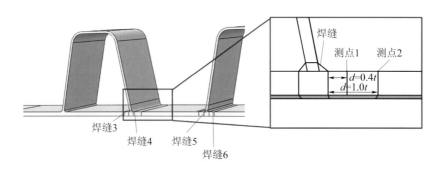

图3-31　疲劳应力计算点位示意图

名义应力及热点应力计算结果如表3-9、图3-32所示。

序号	焊缝编号	名义应力（0.4t处）（MPa）	热点应力（两点法）（MPa）
模型一 （$a \times b = 9.20\text{mm} \times 7.45\text{mm}$）	3	37.93	39.26
	4	99.72	111.83
	5	100.95	120.31
	6	41.07	53.65
模型二 （$a \times b = 7.34\text{mm} \times 7.20\text{mm}$）	3	52.34	64.27
	4	99.81	103.38
	5	101.52	104.10
	6	54.00	68.61
模型三 （$a \times b = 5.88\text{mm} \times 6.00\text{mm}$）	3	52.33	58.18
	4	100.01	101.34
	5	101.40	103.75
	6	54.01	61.30

不同焊缝尺寸下疲劳应力幅数据统计　　　　　　　　表3-9

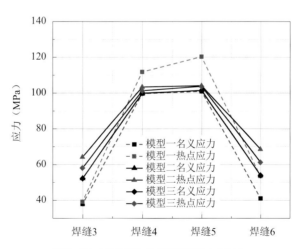

图3-32 不同焊缝尺寸模型疲劳应力对比

由表3-9及图3-32可知，在控制焊缝4的名义应力为100MPa的情况下，模型一（$a \times b = 9.20\text{mm} \times 7.45\text{mm}$）在焊缝4、5处的热点应力值均大于模型二和模型三，在焊缝5处的名义应力也有所提高，而在焊缝3、6处的名义应力、热点应力值均小于模型二和模型三。模型二在各焊缝位置的热点应力略大于模型三，名义应力较为接近。

因此可知，对于顶板–U形肋模型，增大焊缝的焊缝高和焊缝宽，靠近跨中焊缝的疲劳应力幅会增大，U形肋内侧焊缝的疲劳应力幅会有所降低。焊缝尺寸越大，疲劳裂纹越容易在靠跨中焊缝位置发育。

3.4 | 本章小结

（1）针对本试验采取的小型振动疲劳试验机进行加载的方式，基于模型计算结果，该加载方式下试件试验的合理性得到了证明，且荷载施加在顶板上表面和下表面的结果基本一致。

（2）根据本次试验结果，钢桥面板顶板–U形肋全熔透双面焊接头细节的主导疲劳失效模式以内焊趾开裂为主。针对有效的顶板–U形肋全熔透双面焊试验结果，采用名义应力法计算得到该疲劳细节的疲劳强度约为76.8MPa，采用热点应力法计算得到该疲劳细节的疲劳强度约为82.6MPa，满足《公路钢结构桥梁设计规范》JTG D64—2015中的要求。

（3）采用全熔透双面焊的顶板–U形肋构造细节中，内焊趾部位疲劳强度更低，更易开裂。在焊接中应提高对内焊趾部位焊接质量的关注。通过增大内侧焊缝尺寸，能够提高顶板–U形肋全熔透双面焊接头疲劳性能，而改变外侧焊缝尺寸对疲劳性能的影响不大。因此，对于钢桥面板的制造加工，应把控制造的标准化，关注焊接细节的加工质量。

第4章

板材智能下料切割
生产线

4.1
概述

在机械加工过程中，板材切割常用方式有手工切割、半自动切割机切割及数控切割机切割。手工切割灵活方便，但手工切割质量差、尺寸误差大、材料浪费大、后续加工工作量大，同时劳动条件恶劣，生产效率低。半自动切割机中，仿形切割机切割工件的质量较好，由于其使用切割模具，不适合于单件、小批量和大工件切割。其他类型半自动切割机虽然降低了工人劳动强度，但其功能简单，只适合一些较规则形状的零件切割。数控切割机切割相对手动和半自动切割方式来说，可有效地提高板材切割的效率和质量，减轻操作者的劳动强度。在我国的一些中小企业甚至在一些大型企业中使用手工切割和半自动切割机切割方式还较为普遍。

我国机械工业钢材使用量已达到3亿t以上，钢材的切割量非常大；随着现代机械工业的发展，对板材切割加工的工作效率和产品质量的要求也同时提高。下料切割设备的发展必须要适应现代机械加工业发展的要求。国内桥梁、工程机械、重工行业通常采用的下料设备主要由以下几种构成。

火焰切割设备主要用于中厚板的切割，具有大厚度碳钢切割能力，切割费用较低，但存在切割变形大、切割精度不高，而且切割速度较低，切割预热时间、穿孔时间长的问题，较难适应全自动化操作的需要。它的应用场合主要限于碳钢、大厚度板材切割，在中、薄碳钢板材切割上逐渐会被等离子切割代替。

数控等离子切割机切割领域宽，可切割所有金属板材，切割速度快，效率高，切割速度可达10m/min以上。等离子在水下切割能消除切割时产生的噪声、粉尘、有害气体和弧光的污染，有效地改善工作场合的环境。采用精细等离子切割已使切割质量接近激光切割水平，随着大功率等离子切割技术的成熟，切割厚度已超过100mm，拓宽了数控等离子切割机的切割范围。

数控激光切割机具有切割速度快、精度高等特点，以往的激光切割设备因为激光器进口的原因，造成激光切割机价格昂贵、切割费用高。如今随着国产激光器技术水平的不断提高，激光器功率为0~60kW的激光器都已经量产，最大切割板材厚度可达50mm以上。

以上设备中，数控切割机已经实现了较高水平的自动化，但是随着数字技术的发展，切割下料设备对自动化、信息化、智能化有着更高的要求，以提高生产效率和能效水平。

4.2 | 生产线的组成

板材智能下料生产线由物料优化及管控系统（LES）、网络数控切割设备、制造集成智能化系统（MES）组成。智能下料生产线设备主要由数控坡口等离子切割机、数控等离子切割机、仿形坡口切割机、门式多头火焰切割机、数控精细等离子切割机、数控火焰切割机、数控划线号料机和激光切割机等组成。主要设备清单见表4-1。

主要设备清单　　　　　　　　　　　　　　　表4-1

序号	设备名称	型号规格
1	数控坡口等离子切割机	Trident-P 6000×40000
2	数控等离子切割机	Trident-D 6000×40000
3	仿形坡口切割机	Trident-H 6000×24000
4	门式多头火焰切割机	GZⅡ-6000 6000×40000
5	数控精细等离子切割机	GSⅡ-6000D 6000×40000
6	数控火焰切割机	GSⅡ-6000 6000×40000
7	数控划线号料机	GSⅡ-6000P 6000×40000
8	激光切割机	BNQ37054 6000×40000

图4-1为板材智能下料生产线车间实景。物料优化及管控系统（LES）、制造集成智能化系统（MES）组成板材智能下料管理平台（图4-2、图4-3），通过局域网和各信息管理系统的数据交互，形成以智能提料、智能排板、智能切割、智能报工四大功能模块为主体的智能制造信息化系统，为板材智能下料管理提供分析决策依据，最终实现了深中通道钢箱梁板材智能下料生产。

图4-1　板材智能下料生产线车间实景

图4-2　物料优化及管控系统（LES）界面

图4-3　制造集成智能化系统（MES）

4.3 | 生产线的主要功能

本生产线能实现板材的自动扫描识别、智能化喷码划线、智能化切割与坡口开制。通过工控网络将所有数控切割机与MES服务器互联，通过联网管理系统，实现设备状态监控、人员作业任务管控、工时物量统计分析、报表打印和电子看板管理等功能。由LES系统自动下达由套料软件高级算法编制的指令程序，收集加工过程数据，实现与信息系统互通。

通过合理选择激光、等离子及火焰等多种切割工艺，实现150mm范围内不同厚度板材的精密切割与坡口开制。表4-2为智能板材下料生产线设备性能。

智能板材下料生产线设备性能　　　　　　　　　　表4-2

序号	设备名称	功能介绍	主要技术参数	设备照片
1	数控划线号料机	切割线及装配线的自动划线、零件的二维码及数字码喷绘	轨距：6m； 长度：40m； 划线速度：20000mm/min； 划线精度：±0.5mm	
2	平板砂带自动打磨机	装配、焊接位置的车间底漆打磨	轨距：6m； 长度：40m； 门架行走速度：2～10m/min； 砂带宽度：50mm； 线速度：15m/s	
3	门式多头火焰切割机	用于板肋及U形肋的直条切割、横向切断和划线喷码	轨距：6m； 长度：40m。 含打码划线功能	

序号	设备名称	功能介绍	主要技术参数	设备照片
4	数控精细等离子切割机	用于厚度小于20mm的高精度零件的切割和划线喷码	轨距：6m； 长度：40m。 含打码划线功能	
5	数控火焰切割机	用于中厚板切割和划线喷码	轨距：6m； 长度：40m。 含直条切割、打码划线功能	
6	数控坡口等离子切割机	用于中厚板切割和划线喷码坡口一次成型	轨距：6m； 长度：40m。 含坡口切割、打码划线功能	
7	激光切割机	用于高精度零件的切割下料	功率：6kW； 轨距：6m； 长度：40m； 切割厚度：≤25mm	
8	仿形坡口切割机	用于板边坡口二次加工	轨距：6m； 长度：24m	
9	LES系统	智能提料	钢材用量清单自动生成	

续表

序号	设备名称	功能介绍	主要技术参数	设备照片
10	LES系统	智能排板	板材、料件智能排板	
11	LES系统	智能切割	NC程序自动获取	
12	LES系统	智能报工	工作信息自动采集	

4.4 | 关键技术的应用

4.4.1 板材坡口切割技术

采用Farley BCⅡ坡口切割装置，该坡口采用机械手设计原理，结合变坡口切割时围绕多轴方向的高速运动补偿所需，充分利用机械手机构原理与转动机构各自的优点，是五轴联动的高效坡口切割装置。图4-4与图4-5分别为坡口切割装置与切割实物效果图。

Farley BCⅡ坡口切割装置具有以下优点：

（1）此坡口切割机构的重心设计为靠近横梁，而A、B轴的旋转中心在关键点完全重合，在保证可靠中心的同时，又能保证在切割时，切割点不受坡口角度变化的影响，从而使其能非常轻松地实现小范围拐角、定点变角度、变坡口切割、矢量变坡口

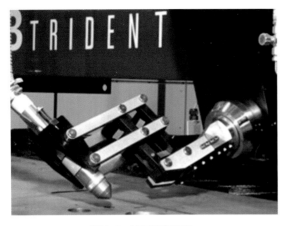

图4-4　坡口切割装置　　　　　　　　　　　图4-5　切割实物效果图

切割、正反坡口无差异化切割等特殊功能，解决了坡口切割的行业难题。

（2）此坡口切割装置配备了强大的五轴联动数控系统，可精准高效地控制多轴联动机构，从而轻松实现三维立体运动、无限回转，没有旋转角度限制。

（3）具有高度控制功能：

①带有开坡口功能的等离子割炬具有电弧电压高度感应功能。

②采用高速I/O技术，接触感应基准点，感应点与切割点共点，没有感应偏差，确保高度的控制精准。

③采用模糊控制原理对电弧电压进行动态跟踪，采用软件进行切割高度的取样与跟踪，CNC系统直接参与切割高度的控制与采样，避免了硬件控制过程的误差和响应滞后，提高了控制采样精度的精度与响应时间。

④具备自学习采样，自学习采用数据应用等先进的坡口切割工艺功能。

（4）具有坡口防撞及复位功能：

①采用外围保护与坡口头自带保护的双重防护，正常切割时不松动，受撞击时易脱开，脱开立即暂停保护，利用双保险，以及前、后、左、右、上、下全方位保护坡口头。

②坡口如受撞击脱开后，利用复位装置，确保坡口头恢复到被撞前的位置，保证连续切割的位置精度。

（5）Farley BCⅡ坡口切割装置主要组成部件：

①A、B旋转轴，Z轴升降轴（总成）。

②坡口回转联动装置（回转总成）。

③A、B轴减速机（国际知名高精密行星齿轮减速箱）。

④割炬小车。

⑤接触式初始定位及防碰撞装置（双重保护）。

（6）弧光防护装置：AVC监测、自动调节装置（弧压）；割枪、割炬电缆。

（7）Farley BCⅡ坡口切割装置关键参数：

①旋转角度范围：无限回转（＞±540°）。

②回转速度：300°/s。

③A、B轴摆角范围：≤±50°。

④A、B轴摆角速度：300°/s。

⑤Z轴割炬升降行程：≥250mm。

⑥Z轴割炬升降速度：5m/min（因坡口装置的技术改进，5m/min速度足够）。

⑦坡口切割范围：-45°～+45°可连续变化正、负V坡口。

⑧坡口切割精度：尺寸±2mm/2m，角度≤1°。

4.4.2　齿形板精密激光下料切割技术

齿形板是正交异性钢桥面板结构的重要组成部分，对桥梁正交异性钢桥面板疲劳破坏情况进行统计，齿形板弧形开口处母材自身的疲劳开裂占有一部分比例，分析其成因，与齿形板弧形开口的切割缺陷关系较大。因此，在本项目中研究精密激光切割技术，以提高切割面的垂直度和光洁度，避免崩坑、表面粗糙等切割缺陷，减少应力集中，提高该部位的疲劳强度。同时，激光切割可减少零件的加工变形，提高尺寸精度，进而提高后续齿形板与U形肋板单元的组装精度。

项目采用的齿形板切割机为MARVEL Plus系列数控光纤激光切割机，该设备具备强大的切割能力、"飞一般"的切割速度、超高稳定性、高加工质量、极低的运行成本以及超高的适应能力。

该产品采用龙门双驱结构形式，具有结构稳定、刚性好、速度高的特点，其X、Y单轴定位速度都可达100m/min以上，同时双驱加速度使得X、Y单轴最大加速度达到2g。床身为整体焊接结构，横梁为铸铝件，均经多次时效处理，具有动态响应好的优点，传动方面配备高精度直线导轨、高精密减速机和齿轮一体件、磨削齿条等高精度高效传动机构，刚性好、精度高，以保证设备能长期高精度运行。

自主研发的光纤激光器，具有极强的切割能力和效率，数控系统为合作开发的激光切割专用控制系统，是集激光切割、精密机械、数控技术等先进技术于一体的高端高技术光纤激光切割机。齿形板精密激光下料设备主要技术规格参数见表4-3。

齿形板精密激光下料设备主要技术规格参数 表4-3

加工幅面与工作范围	尺寸
加工幅面（长×宽）	6000mm × 2550mm
X轴行程	6100mm
Y轴行程	2570mm
Z轴行程（最大）	365mm
精度	—
X/Y轴定位精度	0.05mm
X/Y轴重复定位精度	0.025mm
速度	—
X/Y轴最大定位速度	100m/min
X/Y轴最大联动定位速度	140m/min
X/Y轴最大加速度	2g
电源参数	—
相数	3
电源额定电压	380V
频率	50Hz
总电源防护等级	IP54
重量与尺寸	—
工作台最大载重（均载）	7000kg
机床重量	≤15800kg
外形尺寸（长×宽×高）	15060mm × 3980mm × 2460mm

齿形板精密激光下料切割机专用功能见表4-4。

齿形板精密激光下料切割机专用功能 表4-4

序号	功能	功能说明
1	蛙跳运动	蛙跳运动提高切割效率
2	快速响应的高度跟随	高灵敏度的跟随系统，保证喷嘴在高速切割过程中不与加工材料接触

续表

序号	功能	功能说明
3	高速响应的激光功率坡调	保证拐角及尖角的切割质量
4	坡调打孔	可设定激光坡调打孔功能以改善打孔质量
5	漏切回退	允许操作员在发现漏切时及时返回，保证工件完整
6	任意位置加工	允许在加工图形上的任意轮廓位置开始向后加工
7	断点续切	允许加工意外中断或停止时能快速从中断轮廓处恢复加工
8	插补补偿	直线/圆弧插补和割缝补偿功能，保证切割工件成品率
9	飞行打孔	在切割薄板的过程中，无暂停，明显提高切割效率
10	实体激光打标	在切割的板材上，可以在切割后打标识，便于生产管理
11	自动寻边/边缘检测	可自动计算板材与机床坐标间的夹角，旋转坐标系加工板材，省去传统校准板材过程；可以使切割头定位在板材合适的边缘位置，可以自动检测其位置和方向，这样操作者就可以根据板材自动进行调整
12	强大图形显示/编辑	在线监测切割路径，可绘制简单的加工图形，可在图形上进行简单修改
13	专家数据库系统	基于多年切割经验的专家级数据库系统，控制系统提供了视窗对话式的切割工艺参数数据库。用户可以根据实际加工要求，选择最合适的一组，提高加工的灵活性。用户可以动态修改和存储切割工艺参数数据

齿形板激光下料切割成型效果如图4-6所示。

图4-6 齿形板激光下料切割成型效果

4.4.3　齿形板弧形开口过渡坡口精密切割技术

在齿形板弧形开口处焊缝端部开制过渡坡口，使其具有足够的焊缝熔深，从而使该部位的"焊喉"疲劳裂纹得到有效控制。传统方法中齿形板弧形开口过渡坡口采用半自动小车火焰切割，切割精度难以保证，正反两侧坡口深度不一致，钝边尺寸偏差大，严重影响焊缝质量。因此研制数控仿形坡口切割机，实现对齿形板弧形开口过渡坡口进行精密切割，其关键技术有：齿形板精确定位及寻位技术；非直线坡口数控成型技术；切割面成型质量控制技术。

针对齿形板的齿边过渡坡口切割，采用数控仿形坡口切割机。该机型配置的PDF2006数控系统集良好的控制性、实用性、高可靠性、完美的诊断能力和联网通信能力于一身，同时具备友好易操作的界面。其整体高刚性的大型横梁、坚固耐用的重型导轨和双边驱动系统加强了机器运行时的精准性、高效性和稳定性。采用Trident数控仿形坡口切割机精工智能制造，可匹配多种加工功能模块组合，性能可靠，适合在高负荷运行的工作环境下连续稳定工作。

为保证齿形板的弧形过渡坡口切割，特做了如下优化设计：

（1）高强度导轨作为机器纵向导轨

该机器采用高强度导轨作为机器纵向导轨，采用了高精度齿轮、齿条传动，齿轮、齿条间的啮合为弹性压紧式，这样一方面可以减少啮合误差，同时也提高了传动的平稳性。导轨传动齿条安装在轨道外侧面，既能有效防止积尘和积削，又方便安装和后续调整。机械的加工精度和安装精度是保证主机工作精度的必要条件，配上高精度的精密行星齿轮箱和交流伺服系统，在CNC数控系统的控制下，加上PLC对速度和位置的检测，很容易控制机器的工作精度。端架两端分别装有水平导向轮，齿条正面为固定导向轮，反面为偏心导向轮，利用偏心轮可调整端架底部与导轨的直线度，使门架在运动中保持稳定的直线导向。主、副端架的两端还分别装有导轨除削系统，可在机器运行时随时扫除在导轨表面的杂物，保证机器的正常运动。

导轨材质：U71Mn，强度：不小于700N/mm^2，每米承重不小于10t，导轨自身抗拉强度不小于883MPa、抗压强度不小于1000t。加工方式：导轨用高精度导轨磨床磨制。导轨制作精度：齿条安装基准面与导轨侧面平行度小于等于0.02mm。导轨两侧面的尺寸公差小于等于±0.02mm。主导轨两侧面与顶面的垂直度小于等于±0.02mm。

导轨安装直线度为0.2mm/30m，水平度为0.25mm/m，主、副导轨有效行程内高度差为2mm。导轨每节具备上、下、左、右的调节装置及功能，利用水平仪、标高仪、直线丝等辅助工具，使调直符合直线度、水平度、高度差标准。

（2）基于Farley BCⅡ技术的高精度火焰坡口装置

Farley BCⅡ坡口切割装置采用机械手设计原理，结合变坡口切割时围绕多轴方向的高速运动补偿所需，充分利用机械手机构原理与转动机构各自的优点，是五轴联动的高效坡口切割装置。同时也采用了最新开发的一款火焰割炬，不仅切割速度快、精度高，切割表面质量明显提升，而且内置自动点火装置，不用人工点火，极大地提高了生产效率。图4-7为高性能火焰割炬。

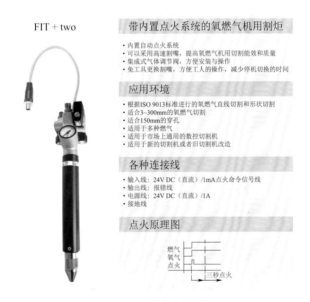

图4-7　高性能火焰割炬

（3）过渡坡口切割控制技术

传统过渡坡口无法实现机床自动切割，仿形切割机可实现此功能并可批量生产；无需复杂编程，输入相关过渡坡口尺寸参数，程序自动生成，设备里面已经预设好了不同齿形的相关参数，针对相同的齿形板，如果齿数不一样，只需要输入齿数和齿形对应的程序，设备会自动修改和匹配零件，在切割时进行对边即可实现齿形板的过渡坡口切割。

图4-8为仿形切割机齿形板坡口切割场景，图4-9为齿形板过渡坡口切割效果。

图4-8　仿形切割机齿形板坡口切割场景　　　　　图4-9　齿形板过渡坡口切割效果

4.5
本章小结

板材智能下料切割生产线配置了数控火焰切割机、数控等离子切割机、数控激光切割机等各种类型的切割设备，适用于不同厚度及精度要求的板材下料切割。在板材下料切割中引入坡口等离子切割机，实现了直线与坡口切割同步完成，有效提高了切割效率；采用数控激光切割机对齿形板进行下料切割，高品质的切割质量大幅提升了齿形板弧形开口切割面的抗疲劳性能；配置坡口仿形切割机，实现了齿形板等关键复杂零件的坡口自动切割加工，大幅提高了切割尺寸精度。通过物料优化及管控系统（LES）及制造集成智能化系统（MES）实现了所有零件加工的信息管理和追溯。

第 5 章
板单元智能焊接生产线

5.1
概述

正交异性钢桥面板结构凭借其自重轻的优势在大跨度桥梁中被广泛应用，然而正交异性钢桥面板结构疲劳病害问题突出，制造技术局限性及加工质量不良因素不容忽视，其中板单元的焊接质量起到了决定性作用。为提高深中通道钢箱梁板单元焊接的智能化水平，提高板单元关键焊缝的焊接质量，建设了板单元智能焊接生产线，在U形肋板单元焊接中采用基于埋弧焊工艺的多头U形肋内焊专机、多头U形肋外焊专机，实现了U形肋双面焊缝的优质高效焊接，大幅提升了U形肋与桥面板连接焊缝的抗疲劳性能；将基于离线编程和三方向传感技术的焊接机器人用于桥面板立体单元件焊接，有效提升了U形肋与横肋板连接焊缝的抗疲劳性能；将视觉识别和自主编程机器人技术引入正交异性钢桥面板加工制造中，有效降低了操作人员的技能要求，提升了智能化焊接水平。

5.2
生产线的组成

板单元智能焊接生产线由生产设备、物料优化及管控系统（LES）、制造集成智能化系统（MES）、数据采集与监视控制系统（SCADA）组成。板单元智能焊接生产线由打磨划线设备、面板U形肋板单元智能焊接生产线、顶板U形肋板单元智能焊接生产线、底板U形肋板单元智能焊接生产线、板肋板单元智能焊接生产线、横隔板单元智能焊接生产线、横肋板单元智能焊接生产线等组成。生产线和设备名称及型号、规格见表5-1。

图5-1为底板U形肋板单元、板肋板单元智能焊接生产线，图5-2为面板U形肋板单元智能焊接生产线，图5-3为面板立体单元、横肋板单元智能焊接生产线，图5-4为横隔板单元智能焊接生产线。

生产线设备名称及型号、规格　　　　　　表5-1

序号	生产线名称	设备名称	型号、规格（mm）
1	打磨划线设备	平板砂带自动打磨机	PBP50（12）–00 6000×40000
2		数控划线号料机	GSⅡ–6000P 100×6000×40000
3	顶板U形肋板单元智能焊接生产线	移动式U形肋装配机	ULZ–03–00 6000×40000
4		组焊一体机	ZHYT–M
5		六头U形肋龙门焊接机	ULH–02–00 6000×40000
6		U形肋机械滚压矫正机	ULJ40–00 6000×40000
7		顶板立体板单元焊接机器人	DBHJ–00 8000×40000
8	底板U形肋板单元智能焊接生产线	移动式U形肋装配机	ULZ–03–00 6000×40000
9		U形肋龙门焊接机	ULH–02–00 6000×40000
10	板肋板单元智能焊接生产线	移动式板肋装配机	BLZ–03–00 6000×20000
11		双丝双边板肋龙门焊接机	BLH–02–00 6000×40000
12		板肋机械滚压矫正机	BLJ40–00
13	横隔板、横肋板单元智能焊接生产线	横隔板单元机器人焊接系统	ARCMW–MP
14		视觉识别横隔板焊接机器人	GBHJ–00
15		视觉识别横肋板焊接机器人	HLHJ–00

图5-1　底板U形肋板单元、板肋板单元智能焊接生产线

图5-2　面板U形肋板单元智能焊接生产线

图5-3　面板立体单元、横肋板单元智能焊接生产线

图5-4　横隔板单元智能焊接生产线

焊接生产智能制造管理平台由经营信息决策系统（ERP）、物料优化及管控系统（LES）、制造集成智能化系统（MES）、数据采集与监视控制系统（SCADA）共同组成，通过工业互联网、场内工业终端、智能焊接设备和各信息管理系统的数据交互，形成以生产计划、生产执行、质量管控、设备数据采集、物流运输五大功能模块为主体的智能制造信息化系统，为智能焊接生产线的管理提供决策依据，最终实现深中通道钢箱梁板单元的智能焊接生产。

5.3 | 生产线的主要功能

5.3.1 板单元打磨、划线设备

1. 平板砂带自动打磨机

平板砂带自动打磨机主要用于桥用钢板的打磨。最多可以同时完成12条打磨工作，工作效率高，操作便捷。设备布置有除尘器，减少了车间污染。平台宽4.5m、长40m，采用双工位布局，可以纵向摆放2张钢板、横向摆放1张钢板。平板砂带自动打磨机如图5-5所示。

图5-5 平板砂带自动打磨机

2．数控划线号料机

数控划线号料机用于组装基准线的划线工作，可实现图纸导入、自动划线。数控划线号料机如图5-6所示。

图5-6　数控划线号料机

5.3.2　面板U形肋板单元智能焊接生产线

1．组焊一体机

组焊一体机可同步完成面板的组装及内焊，免除U形肋定位组装工序，消除定位焊对U形肋焊缝焊接质量的影响。该设备可一次组焊6条U形肋，消除了人工带来的装配误差；生产效率高，设备性能可靠，工艺稳定。根据识别的板单元特征，自动匹配焊接工艺参数，可对多达6根U形肋进行自动装配，对多达12条U形肋内焊缝实施埋弧焊接，焊剂可自动铺洒与回收，焊剂回收率能达到99%，同时可监控焊缝外观成型，将数据保存至移动硬盘和网盘，并自动清除埋弧焊渣。焊接过程中及完毕后均可实时传输视频检测图像及焊接工艺参数等内容至控制中心，设备各功能可联动或者单动，实现智能化、信息化制造。组焊一体机如图5-7所示，U形肋自动组装焊接过程如图5-8所示。

2．多头移动式U形肋装配机

多头移动式U形肋装配机利用液压系统及压模，进行U形肋定位，并通过人工点焊进行装配，最多同时可对6支U形肋进行装配。多头移动式U形肋装配机如图5-9所示。

图5-7　组焊一体机

图5-8　U形肋自动组装焊接过程

图5-9　多头移动式U形肋装配机

3. 多头U形肋龙门焊接机

多头U形肋龙门焊接机采用船位埋弧焊接方式进行U形肋外焊，一次可焊接6条U形肋焊缝，采用中粗丝及传感跟踪，可以有效提高焊缝成型质量，是保证U形肋全熔透焊接的重要设备。多头U形肋龙门焊接机如图5-10所示。

图5-10 多头U形肋龙门焊接机

4.U形肋板单元机械辊压矫正机

U形肋板单元矫正采用冷矫设备，可同时实现3根U形肋的矫正，通过来回辊压的方式对面板单元进行矫正，提高了矫正效率，避免了热矫正对钢板性能的影响。U形肋板单元机械辊压矫正机如图5-11所示。

图5-11 U形肋板单元机械辊压矫正机

5.面板立体单元焊接机器人

面板立体单元焊接机器人用于横隔板上接板与U形肋顶板单元的齿形板焊接，可以高质量完成平焊转立焊并收弧包角。面板立体单元焊接机器人如图5-12所示，机器人焊接过程如图5-13所示。

图5-12　面板立体单元焊接机器人

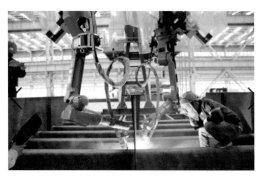
图5-13　机器人焊接过程

5.3.3　底板U形肋板单元智能焊接生产线

1．多头移动式U形肋装配机

多头移动式U形肋装配机利用液压系统及压模，进行U形肋定位，并通过人工点焊进行装配，最多同时可对5支U形肋进行装配。多头移动式U形肋装配机如图5-14所示。

图5-14　多头移动式U形肋装配机

2．多头U形肋龙门焊接机

多头U形肋龙门焊接机采用船位气体保护焊进行U形肋外焊，一次可焊接5条U形肋焊缝，采用传感跟踪，可以有效提高焊缝成型质量。多头U形肋龙门焊接机如图5-15所示。

图5-15　多头U形肋龙门焊接机

5.3.4　板肋板单元智能焊接生产线

1. 多头移动式板肋装配机

多头移动式板肋装配机利用端头定位装置进行筋板的固定，并通过移动式压头对板肋进行三向定位，装配机可实现自动装配点焊，最多同时可对6支板肋进行装配。多头移动式板肋装配机如图5-16所示。

图5-16　多头移动式板肋装配机

2. 多头板肋龙门焊接机

板肋龙门焊采用平位焊，一次可对6条板肋、12条焊缝进行焊接，采用传感跟踪，可以有效提高焊缝成型质量。多头板肋龙门焊接机如图5-17所示。

图5-17　多头板肋龙门焊接机

3. 板肋板单元机械辊压矫正机

板肋板单元矫正采用冷矫设备，可同时实现6根板肋的矫正，通过来回辊压的方式对顶板单元进行矫正，提高了矫正效率，避免了热矫正对钢板性能的影响。板肋板单元机械辊压矫正机如图5-18所示。

图5-18　板肋板单元机械辊压矫正机

5.3.5 横隔/横肋板单元智能焊接生产线

1. 横隔板焊接机器人

横隔板单元智能焊接生产线，采用视觉识别横隔板焊接机器人进行横隔板的正面焊接，采用横隔板焊接机器人进行反面焊接。

视觉识别横隔板焊接机器人基于传感系统、逻辑程序、规则设计的结合，无需任何图纸导入，无需任何编程及示教，系统利用视觉成像技术，扫描工件自动生成焊接轨迹，并可根据实际情况进行调整。焊接采用电弧跟踪，对操作者的技能要求大幅降低，效率较高，视觉识别横隔板焊接机器人如图5-19所示。

横隔板焊接机器人基于离线编程、在线示教、电弧跟踪技术，可高质量完成横隔板的焊接工作，离线编程横隔板焊接机器人如图5-20所示。

图5-19　视觉识别横隔板焊接机器人　　　　图5-20　离线编程横隔板焊接机器人

2. 横肋板焊接机器人

横肋板焊接机器人用于横肋板单元的智能化焊接，在轨道式门架下倒装2个机器手，门架横梁上配备有一组工业相机。门架纵向移动，深度相机全景识别系统扫描工件生成三维点云图，并将相关数据提供给工件识别算法软件，完成工件的类型和包含组件的智能识别与定位，而后自动完成工件焊接的编程，实现全自动编程功能。在此之前需要建立横肋板的类型库和组件的特征库，并建立与之对应的焊接工艺库。在机器手端部安装有激光传感器，采用线激光扫描技术，可精确定位焊缝并在焊接过程中实现跟踪功能，利用焊枪采用不摆动方式进行焊接。在焊枪上安装有焊接烟尘吸收装置，达到了良好的除烟除尘效果，工件不需要进行严格定位和摆放，待焊区域打磨不可过于光亮，以免影响激光传感焊接寻位与跟踪的可靠性。视觉识别横肋板焊接机器人如图5-21所示。

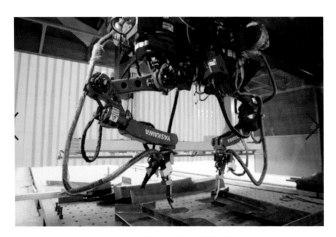

图5-21　视觉识别横肋板焊接机器人

5.3.6　焊接生产智能制造管理平台

焊接生产智能制造管理平台包括经营信息决策系统（ERP）、物料优化及管控系统（LES）、制造集成智能化系统（MES）、数据采集与监视控制系统（SCADA）。

1. 生产计划排产

生产管理部门根据整个工程的进展，进行生产计划编制，并在ERP系统中发布，根据进度下推至MES系统。ERP系统生产计划排产界面如图5-22所示。

图5-22　ERP系统生产计划排产界面

2．生产执行

生产车间在MES系统中接收生产计划，并形成工单分派到各生产小组，车间员工根据工单进行领工、生产制造、自检、互检并报工，质检员接到报工任务后完成专检工作。生产工单界面如图5-23所示，质检记录界面如图5-24所示。

图5-23　生产工单界面

图5-24　质检记录界面

3．数据采集

所有设备通过工控网络接入SCADA系统，SCADA系统实时监测和采集设备信息并记录。设备监控界面如图5-25所示，设备数据采集界面如图5-26所示。

4．仓储物流管理

在生产过程中，根据生产情况实时记录物流及半成品的传出状态，并实时记录物料及半成品仓储物流情况，全面掌控生产状态。物料及半成品仓储物流管理界面如图5-27所示。

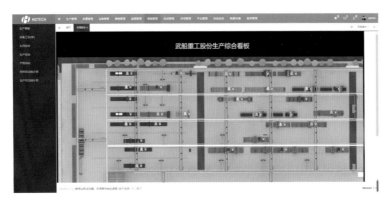

图5-25　设备监控界面

图5-26　设备数据采集界面

图5-27　物料及半成品仓储物流管理界面

5.4 | 关键技术的应用

5.4.1　U形肋熔透焊接技术

鉴于U形肋单面焊对于焊缝抗疲劳性能的不利影响，制造单位与专业设备厂家合作，联合开发了正交异性钢桥面板U形肋内焊成套技术，于2016年建设了世界上首条U形肋气体保护内焊自动化生产线，如图5-28所示。U形肋内焊设备共安装有6个机头、12把焊枪，可同时对6根U形肋的12条U形肋内角焊缝进行焊接，生产效率高，采用实心焊丝＋三元混合气（Ar＋CO_2＋O_2）保护焊工艺，焊接飞溅量少，焊缝外观成型如图5-29所示，外焊缝采用药芯焊丝CO_2气体保护焊工艺，焊缝熔透率达到U形肋板厚度的80%以上。在U形肋内焊技术成功应用的基础上，为进一步提升U形肋焊缝质量水平，业内对U形肋双面焊工艺及设备开展了进一步研究，使得U形肋焊缝达到熔透焊要求。

图5-28　世界上首条U形肋气体保护内焊自动化生产线

图5-29　U形肋内焊缝外观成型

业内对U形肋焊缝熔透焊接工艺开展了大量的试验研究，涉及的焊接工艺方法有实心焊丝富氩气体保护焊、聚弧深熔气体保护焊、药芯焊丝CO_2气体保护焊、埋弧焊等；从焊缝熔透可靠性和探伤合格率方面进行比较，双面埋弧焊＞内侧气体保护焊＋外侧埋弧焊＞双面气体保护焊，在气体保护焊工艺中，采用聚弧深熔焊机焊接有助于提高焊缝熔深。双面埋弧焊工艺可有效保证钢桥面板U形肋熔透焊缝探伤合格率，降低焊接断弧率，改善劳动条件，提高生产效率。深中通道钢箱梁桥面板U形肋板单元采用最新双面埋弧焊工艺实现了U形肋焊接的熔透焊接。图5-30为埋弧内焊专机，图5-31为U形肋埋弧内焊过程。

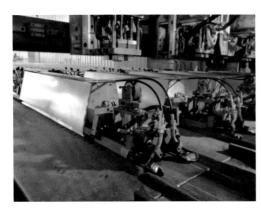

图5-30 埋弧内焊专机

图5-31 埋弧内焊过程

U形肋板厚8mm，免开坡口、内外焊各一道，埋弧焊丝直径分别为1.6mm和3.2mm。U形肋内焊在平位焊接，采用的埋弧焊丝直径为1.6mm，电流为400～420A，电压为32～34V，焊速为450mm/min；U形肋外焊在船位焊接，采用的埋弧焊丝直径为3.2mm，电流为600～630A，电压为36～38V，焊速为550mm/min。采用双面埋弧焊技术，板单元U形肋焊缝全熔透一次探伤合格率可稳定在96%以上。

将门式U形肋自动组装机与U形肋内焊设备平台共轨安装，可实现U形肋组焊一体化功能；U形肋自动组装机与U形肋内焊设备同步行进，行进中通过定位导轮对U形肋进行侧向限位，上侧导轮施压于U形肋顶部，使U形肋密贴于面板，U形肋组装与U形肋内焊同步完成，如图5-8所示。实施组焊一体化技术，可取消U形肋的间断定位焊缝，但从目前的实践情况来看，U形肋组焊一体化技术对于零件的尺寸精度要求较高，且焊前准备工作时间较长，一定程度上降低了生产工效。

5.4.2 桥面板立体单元机器人焊接技术

正交异性钢桥面板立体单元由U形肋板单元与横肋板单元焊接而成，横肋板齿形边与U形肋板及面板的连接焊缝形成多组"槽形焊缝"，包括平角焊、立角焊、端部围焊等，是正交异性钢桥面板结构中的一大疲劳易损部位，出于抗疲劳性能需求，对于焊缝细节质量要求很高，要求在U形肋板与面板拐角处平位转立位不断弧连续施焊，立角焊端部围焊成型饱满、匀顺。由于焊缝形式复杂，长期以来，该部件焊接采用手工焊接方式，焊缝质量的稳定性和一致性难以保证。根据深中通道建设需求，采用桥面板立体单元机器人系统实现了该部件焊缝的自动化焊接。机器人焊接系统在轨道式门架下倒装2个机器手，具有离线编程、接触传感、电弧跟踪、多层多道焊等功能，移动门架横跨两个立体单元件工位。图5-32为桥面板立体单元件机器人焊接工作站。

在每一组"槽形焊缝"焊接之前，采用三方向接触传感技术，如图5-33所示，依次对图中5个位置进行检测。接触传感是用于检测对象工件位置偏移的一种手段，当工件的一致性不能满足焊接要求时，在焊接前自动判断焊接偏差，根据偏差量，机器人系统对既定的焊接程序进行补偿修正，从而保证了实际焊接路径的精确性。由于每条焊缝长度较短，焊接过程中可不采用电弧传感跟踪。

图5-32 桥面板立体单元件机器人焊接工作站

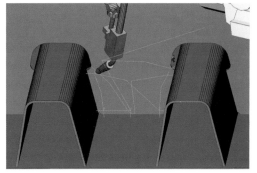

图5-33 离线程序三方向传感点设置

机器人焊接在立焊端部包角围焊时，需适时调整焊枪姿态及焊接工艺参数，每侧焊枪的熄弧熔池需越过齿形板的中线，保证围焊处的焊缝成型饱满、匀顺。当双焊枪在一条焊缝两侧同步进行围焊时，由于焊接熔池热量过大、冷却速度缓慢，易下淌形成焊瘤，因此2个机器手在"槽形焊缝"左右两侧错位焊接，有利于保证良好焊缝成型。

在机器人焊接前，对于组装间隙较大的部位（2～3mm以上）需采用手工焊打底处理，相比于实心焊丝气体保护焊，采用药芯焊丝气体保护焊对于组装间隙控制、定位焊打磨要求相对较低，焊缝外观成型质量一致性更好，焊接效率也相对较高。部分齿形板与面板间的平角焊要求焊脚尺寸为10mm，共需两层三道焊，预先采用机器人在平角焊位连续焊接两道，清渣后，再进行"槽形焊缝"的连续焊接（图5-34），图5-35为多层多焊道外观成型。

图5-34 "槽形焊缝"外观成型   图5-35 多层多焊道外观成型（焊脚尺寸为10mm）

5.5 |
本章小结

深中通道钢箱梁板单元智能焊接生产线包括面板单元、底板单元、横隔板单元、横肋板单元、面板立体单元等智能焊接生产线。研制了各类自动化焊接装备，大幅提升了焊接质量和生产工效，以机器视觉技术为代表的智能化焊接技术已在板单元焊接中得到了广泛应用。

为提升正交异性钢桥面板结构的抗疲劳性能，首次开发应用了U形肋双面埋弧熔透焊工艺技术，从根本上解决了U形肋传统单面焊缝焊根处极易疲劳开裂的问题，大幅提升了U形肋与桥面板连接焊缝的抗疲劳性能；此外，开发应用了钢桥面板立体单元机器人焊接技术，实现了正交异性钢桥面板U形肋和横肋板连接焊缝的自动化焊接，改善了该部位焊缝的抗疲劳性能。

第 6 章

节段智能总拼生产线

6.1 | 概述

节段拼装制造主要有结构尺寸大、组装精度控制难度大、焊接位置多样化等特点，在以往项目中钢箱梁节段拼装的自动化焊接水平普遍较低。

深中通道节段智能总拼生产线以提升自动化焊接水平为突破口，对节段拼装智能制造生产线进行科学的规划，以车间制造执行系统、智能焊接管理系统、车间视频监控系统的应用为科学管理手段，并投入小型便携式自动化及智能化焊接装备，以满足钢箱梁节段结构尺寸大、组装精度要求高、焊接位置多样化等特点，改善现阶段自动化焊接程度较低的状况，以实现节段总拼智能化生产。

6.2 | 节段智能总拼生产线性能配置

智能总拼生产线广泛应用便携式智能化焊接机器人进行钢箱梁总拼全位置焊接作业，提升焊接质量的一致性。应用MES智能焊接管理系统对所有设备进行监控，实时可视监测焊接过程，智能分析焊接数据。节段智能总拼生产线主要设备配置见表6-1。

节段智能总拼生产线主要设备配置   表6-1

序号	设备名称	设备类型	用途
1	可移动参数化智能焊接机器人系统	焊接设备	齿形板与U形肋及面板角焊缝智能化焊接（全位置）
2	便携式轨道智能焊接机器人	焊接设备	斜底板、腹板、隔板等对接焊缝智能化焊接（立位/斜立位）
3	便携式全位置自动焊小车	焊接设备	全位置角焊缝自动化焊接

序号	设备名称	设备类型	用途
4	埋弧自动焊机	焊接设备	顶板、底板对接焊自动化焊接（平位）
5	智能焊接管理系统	焊接管理系统	焊接数据管理
6	天车	输送系统	板单元运输

1. 可移动参数化智能焊接机器人系统

通过该智能化焊接机器人系统，实现标准件的连续作业，减少了人员的配置，节约了成本。该智能化焊接系统通过建立模型，输入相应焊接参数，能稳定提高焊缝的外观成型质量，实现隔板与U形肋槽口平角转立角的连续施焊以及焊缝端部的连续包角焊（图6-1）。

图6-1　可移动参数化智能焊接机器人系统及其应用

2. 便携式轨道智能焊接机器人

在钢箱梁拼装阶段引进的便携式轨道智能焊接机器人，可自动检测坡口尺寸、自动生成规范参数、自动焊接，智能化程度高，配有多种形式的轨道，方便灵活，实用性强（图6-2）。

3. 便携式全位置自动焊小车

该小车具有直线摆动、数码显示运行速度、自动收弧等功能，摆动模式、摆动幅度、摆动速度、摆动中心位置和左右停留时间等各种摆动参数都可以调节。便携式全位置自动焊小车可以减少劳动强度、改善作业环境、提高工作效率，效率可达到手工焊的1.5倍，避免了人为因素所造成的焊缝质量不良，确保了焊接质量的稳定性（图6-3）。

图6-2　便携式轨道智能焊接机器人及其应用

图6-3　便携式全位置自动焊小车及其应用

4．埋弧自动焊机

节段总拼中的平位长直焊缝采用技术成熟的埋弧自动焊填充和盖面，该技术焊接电流大、电弧热量大，焊丝融化快、熔深大、焊接速度快、生产效率高、焊缝质量好；焊接过程看不到弧光，产生的有害气体少，极大改善了劳动环境。

以上设备焊接工艺参数由焊接工艺试验确定。

6.3

无马／少马组装技术

由于节段拼装阶段结构尺寸大、组装精度控制难度大、焊接位置多样化，组装及焊接过程需要马板进行装配固定和控制焊接变形。但是过多的马板使用会对母材造成损伤，马板去除部位影响涂装后的美观，因此需要对少马组装技术进行研究。

1．采用火焰矫正代替马板

板单元在下料、焊接、运输、存储等阶段都容易产生变形，板边的波浪变形、旁弯、垂直偏差等都将影响总拼组装精度。因此在板单元制造阶段需要严格控制板单元精度，对组装超差的位置，采用火焰修整代替马板（图6-4）。

图6-4 顶板组拼马板使用推荐

2. 设计磁力马板代替焊接马板

磁力马板的使用可以避免母材的损伤。但由于受结构尺寸、工装重量、磁力大小等限制，磁力马板只适用于钢板比较薄、需要辅助外力不大的情况（图6-5）。

3. 根据结构特点设计栓接辅助工装，减少马板使用

图6-5 磁力马板调平底板纵向对接缝

在节段拼装阶段，需设置单元件临时支撑、施工平台、临边防护等辅助工装，以前项目大部分采用焊接形式，将工装与结构母材焊接连接，焊接工装对母材造成了一定的损伤。深中通道项目根据结构特点，设计了不同连接形式的辅助工装，避免了与母材焊接（图6-6~图6-9）。

图6-6 栓接临边防护

图6-7 悬挂式施工平台

图6-8 卡箍式临时支撑

图6-9 磁力式衬垫辅助支撑

6.4
节段总装智能管理控制系统

1. 建立焊缝地图

在BIM模型中建立焊缝地图，实现焊缝的设计、施焊和检验等信息的全面集成，自动生成焊缝制造BOM清单，有效保证数据准确性，为信息系统集成奠定坚实基础。

2. 焊接设备联网

所有焊接装备通过数据采集、数据传输模块，实现焊机数字联网。节段总拼中的YM-500FR1HGE型气体保护焊机、YD-400AT3HGE逆变焊机、ZD7-1250型埋弧自动焊机等数字焊机，通过焊机智能模块，采集焊机数据，通过电信网络传输至系统，实时显示施焊过程的电流、电压、施焊速度等参数并实现在线控制。

3. 智能焊接管理系统

节段总拼阶段应用智能焊接管理系统（iWeld Cloud）实时可视监测焊接过程，智能分析焊接数据，控制焊接过程的稳定性（图6-10）。

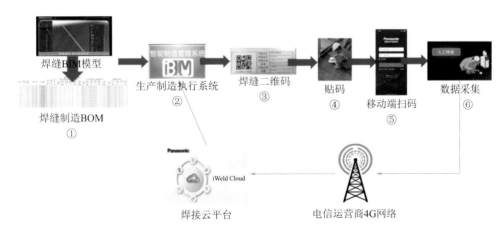

图6-10　智能焊接管理系统整体流程图

焊机云管理系统可预先将各种焊接规范、经验数据存储到系统中，根据焊接工件变化情况快速调取使用；对施焊过程的焊接电流、电压、施焊速度等参数实现在线记录，使每条焊缝的焊接记录具有永久可追溯性；根据焊接电流、电压的实际分布对所有联网焊机进行有针对性的质量分析，或者对某一台焊机进行以焊缝或时间为单位的微观质量分析；通过查询可以得到指定时间段内每台焊机的焊丝消耗、气体消耗、电能消耗，以方便采购部门对物资的库存管理（图6-11）。

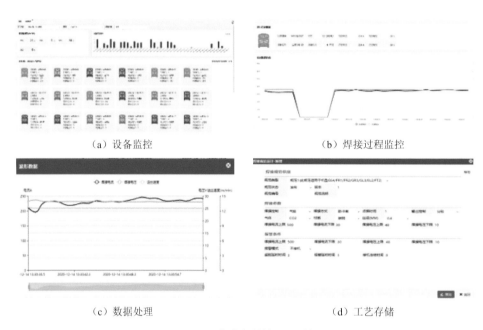

（a）设备监控 　　　　　　　　　（b）焊接过程监控

（c）数据处理 　　　　　　　　　（d）工艺存储

图6-11　智能焊接管理云系统

4．智能管理系统应用

使用焊机智能模块刷卡功能，焊工通过焊工卡实现焊机刷卡激活，达到人机互联的目的；"焊缝二维码"与手机智能焊机APP "iWeld Cloud" 相结合，采取焊缝焊前扫码上报的形式，实现人缝互联。通过云系统整合，最终实现"人-机-缝-数据"关联并存，使每条焊缝的焊接质量具有永久可追溯性（图6-12～图6-15）。

5．信息追溯

整合梁段信息，编制梁段BOM并导入iBIM系统，建立梁段管理功能（图6-16）。梁段总拼时通过手机APP "报验扫码功能" 扫描构件二维码，系统自动提取构件信息，整合到相应梁段，完成零构件关联，实现梁段产品的追溯（图6-17）。

图6-12　iBIM BOM导入　　　　　　　图6-13　智能焊接管理系统APP

图6-14　焊机刷卡激活

图6-15　焊前焊缝扫码

图6-16　iBIM梁段管理功能

图6-17　二维码信息追踪

6.5

本章小结

深中通道节段智能总拼生产线通过便携式焊接设备、焊接数据管理系统、车间视频监控系统以及车间制造执行系统的实施，实现了钢箱梁总拼过程的信息管理，加强了过程管理、实时监控等。通过信息化技术的应用实现了生产信息高度集中，既能指导实际工作，又能将信息进行汇总、分析，使项目管理人员对项目信息做出正确的理解、高效的共享、及时的应对。

智能制造生产线的建设及应用从根本上提高了管理效率、减少了人机物料的浪费、增强了项目管控力度，提升了桥梁钢结构智能化制造、信息化管理水平。

第 7 章

钢箱梁智能涂装生产线

7.1 | 概述

深中通道钢箱梁梁段体量规模巨大、结构相似，涂装质量要求严格，具备自动化、智能化制造前提和内在需求。为满足本工程质量和进度要求，钢箱梁梁段外表面和钢桥面采用了自动化、智能化涂装生产线进行施工。钢箱梁智能涂装生产线是深中通道钢箱梁生产制造过程中构建的"四线一系统"中的其中一条生产线，具备喷砂除锈、热喷涂、喷漆作业等工序，达到了自动化、智能化制造水平。

本项目钢箱梁涂装体系见表7-1。

钢箱梁涂装体系

表7-1

序号	名 称	涂装体系	涂装方式
1	钢箱梁外表面	表面喷砂处理：喷砂Sa3.0级，Rz60～100um	采用智能化涂装
		热喷锌铝合金150um	
		环氧封闭漆50um	
		环氧云铁中间漆2×75um	
		氟碳树脂面漆2×40um	
2	钢桥面临时防护	表面喷砂处理：喷砂Sa2.5级，Rz25～50um	
		环氧磷酸锌底漆60um	
3	钢箱梁内表面	表面喷砂处理：喷砂Sa2.5级，Rz50～80um	采用传统手工涂装
		环氧富锌底漆80um	
		环氧树脂漆120um	
4	高栓连接摩擦面	表面喷砂处理：喷砂Sa2.5级，Rz30～70um	
		无机富锌防锈防滑涂料120um	
5	防撞护栏	热浸锌80um	
		轻金属用环氧漆60um	
		氟碳面漆2×40um	

7.2 ｜
智能涂装生产线规划及性能配置

7.2.1　智能涂装生产线规划

1. 车间规划

单条智能涂装生产线规划建设1间专用喷砂车间、1间专用热喷涂车间、3间专用喷漆车间。

1）喷砂车间

喷砂车间必须达到全封闭、控温控湿和具备智能化喷砂除锈作业的要求，应具备集自动进料、自动喷砂、回收一体化的喷砂设备，喷砂过程中的粉尘排放应满足环保标准，满足全天候喷砂作业要求。喷砂车间地面基础应满足智能化喷砂除锈设备安装所需承重强度、平整度等的要求。喷砂车间净空间作业尺寸为长55m×宽24m×高12m以上，满足项目的需求。

2）热喷涂车间

热喷涂车间必须达到全封闭、控温控湿的要求，施工过程产生的粉尘应满足防爆、环保标准要求。热喷涂车间地面基础应满足智能化喷砂除锈设备安装所需承重强度、平整度等的要求。热喷涂车间净空间作业尺寸为长55m×宽24m×高12m以上，满足项目的需求。

3）喷漆车间

喷漆车间必须达到全封闭、控温控湿和具备智能化喷漆作业的要求，应具备挥发性有机物处理净化功能，施工过程中产生的挥发性有机物排放应满足环保标准要求，满足全天候喷漆作业要求。喷漆车间地面基础应满足智能化喷砂除锈设备安装所需承重强度、平整度等的要求。喷漆车间净空间作业尺寸为长55m×宽24m×高12m以上，满足项目的需求。

2. 智能涂装生产设备

钢箱梁梁段外表面和钢桥面应采用智能化涂装生产线进行施工，生产线应具备喷砂除锈、热喷涂、喷漆作业等工序，对于钢箱梁的内表面和附属设施等采用传统的手工喷砂、喷涂、喷漆进行施工。

7.2.2 智能涂装生产线性能配置

1．生产线工序要求

1）喷砂除锈工序

喷砂除锈采用多轴关节联动的喷砂机器人设备（或吸附式喷砂机器人）进行作业。多轴喷砂机器人作业范围应能覆盖钢箱梁梁段外表面（底板、斜底板）、桥面板（依据厂房条件采用吸附式喷砂机器人可覆盖箱梁桥面板）。喷砂设备应具备自动进料、喷砂一体化等功能。喷砂机器人设备应具备人机示教、远程诊断及复杂运动轨迹记忆等功能。

2）热喷涂工序

热喷涂以可多轴关节联动的机器人为载体携带热喷涂设备进行自动化作业，热喷涂设备应具备自动送丝、控温控气等功能。热喷涂设备应具备易燃易爆气体浓度检测功能，检测浓度预警后立即自动停机，还应具备人机示教、远程诊断及复杂运动轨迹记忆等功能。

3）喷漆工序

喷漆采用多轴关节联动的喷漆机器人设备进行作业。多轴喷漆机器人作业范围能覆盖钢箱梁梁段外表面（底板、斜底板）、桥面板（依据厂房条件采用吸附式喷漆机器人可覆盖箱梁桥面板）。喷漆设备应具备自动供料、自动搅拌/配比、自动喷漆等功能，具备易燃易爆气体浓度检测功能，检测浓度预警后立即自动停机，还应具备人机示教、远程诊断及复杂运动轨迹记忆等功能。

4）梁段拼装合龙缝

钢箱梁梁段拼接合龙缝采用环保型自回收喷砂设备进行喷砂除锈，喷砂设备应具备粉尘自主回收、自动进料等功能。梁段拼接合龙缝应采用多组份高精度配比喷涂设备进行喷漆作业，喷漆设备应具备自动配比、计量、即混即喷等功能。

2．智能涂装生产线性能配置

钢箱梁智能涂装生产线性能配置见表7-2。

钢箱梁智能涂装生产线性能配置表　　　　　　表7-2

序号	工序	设备内容	数量	施工部位	技术规格
1	喷砂除锈	天车式喷砂机器人（或吸附式喷砂机器人）	1	梁段钢桥面	喷砂质量等级为Sa3.0，生产能力为80㎡/h
		小车式喷砂机器人	1	梁段外表面	喷砂质量等级为Sa3.0，生产能力为80㎡/h
2	热喷涂	地面轨道（或轮载）式热喷涂装备	3	梁段外表面	具备自动送丝、控温控气功能，可实现安全预警自锁
3	喷漆作业	天车式喷涂机器人（或吸附式喷漆机器人）	1	梁段钢桥面	生产能力为120㎡/h
		地面轨道（或轮载）式喷涂机器人	1	梁段外表面	生产能力为120㎡/h

7.3
钢箱梁底板／斜底板喷砂系统

设计以轮载式搭载平台（AGV小车）为基础，搭载喷砂系统的智能喷砂设备，用于钢箱梁的底板、斜底板的喷砂施工。整套设备设计使用寿命为5年，设备整体设计适用于重金属粉尘环境，行走机构采用电力驱动，喷枪系统采用气动驱动。喷砂系统设备动力要求见表7-3。

喷砂系统设备动力要求　　　　　　表7-3

电力（AGV小车）	三相：380V ± 10%，50Hz，18kW
	单相：220V ± 10%，50Hz
压缩空气（喷枪系统）	≥0.6MPa（至设备使用点），≥20m³/min

7.3.1　设备功能描述

设备功能如下：

（1）通过人工遥控的方式完成钢箱梁底面、斜底面自动喷砂除锈施工（支墩部位除外），轨迹自设（直线行走），喷砂效率为60m²/h（Sa3.0）。

（2）可实现自动进料、喷砂、回收砂、筛分功能。

（3）设备工作行进速度为0.5～2m/min，非工作行进速度小于2km/h。

（4）喷砂幅宽为1.0m。

（5）可通过遥控、线控控制设备运动轨迹和行走速度。

（6）喷砂枪体做摆幅运动，在钢箱梁底面形成扇形喷砂工作面（角度大于80°）。

（7）最多可同时搭载4把喷砂枪体。

（8）喷枪系统、车体遥控启停。

（9）喷砂过程数据自动记录（如喷砂时间、运行轨迹、运行速度、空气压力），可上传、可下载。

7.3.2　使用智能喷砂设备对车间的改造要求

车间底面铺设≥12mm厚钢板地面，平整度不超过5mm/1000mm，局部错台≤3mm，构件底面距底面最小高度（支墩高度）≥1.8m。车间内部建造设备间，在设备间内配备充电桩，用于设备的存放和充电（图7-1、图7-2）。

图7-1　喷砂设备效果图　　　　　　　　图7-2　喷砂设备施工图

7.4 |
钢箱梁热喷涂系统

设计以轮载式搭载平台（AGV小车）为基础，搭载电弧喷涂设备、喷枪往复直线运动系统的智能喷涂设备，用于钢箱梁的底板、斜底板的喷涂锌铝合金施工。本设备可在类似项目上重复使用，可适用于多种具有大平面工件的电弧喷涂锌铝合金施工，同时设备转运灵活，以下方案包括本设备的工艺流程、全套设备的功能设计、结构、性能、安装等方面的技术要求。

整套设备设计使用寿命为5年，设备整体设计适用于重金属粉尘环境，行走机构采用电力驱动，喷枪系统采用气动驱动。喷涂系统设备动力要求见表7-4。

喷涂系统设备动力要求　　　　　　　　　　　　　　表7-4

电力（AGV小车）	三相：380V±10%，50Hz，18kW
	单相：220V±10%，50Hz
压缩空气（喷枪系统）	≥0.6MPa（至设备使用点），≥3m³/min
电力（电弧喷涂机）	三相：380V±15%，50Hz，15kW

7.4.1　设备功能描述

设备功能如下：

（1）通过人工遥控和磁导航的方式完成钢箱梁底面、斜底面自动喷涂锌铝合金施工（支墩部位除外），轨迹自设（直线行走），单台设备喷涂效率为18m²/h。

（2）可采用外接电源和锂电池2种供电方式。

（3）喷涂车间内安装粉尘浓度检测仪，在粉尘浓度超标时，自动报警，设备同时可一键急停。

（4）设备工作行进速度为0.5~2m/min，非工作行进速度小于2km/h；喷涂幅度小于0.8m，初定为0.6m。

（5）可通过遥控、线控或编程控制设备运动轨迹。

（6）喷枪往复直线运动系统搭载电弧喷枪在垂直于AGV小车行进方向做往复匀速直线运动姿态，速度可控，形成Z形喷涂工作面。

（7）控制系统可控制喷涂机电源启停、送丝机构启停、雾化空气启停、喷枪往复直线运动系统启停和AGV小车运动。

（8）电弧喷涂过程数据自动记录。

（9）数据可以下载、可上传。

（10）设备具有粉尘浓度检测系统，设备可实现预警、急停等功能。

热喷涂设备效果图及施工图如图7-3和图7-4所示。

7.4.2 使用热喷涂设备对车间的改造要求

水泥地面或钢板地面，平整度不超过5mm/1000mm，局部错台≤3mm，构件底面距底面最小高度（支墩高度）≥1.8m。

车间内部建造设备间，在设备间内配备充电桩，用于设备的存放和充电。

图7-3 热喷涂设备效果图

图7-4 热喷涂设备施工图

7.5

钢箱梁底板／斜底板喷漆系统

设计以轮载搭载平台（AGV小车）为基础，搭载喷漆系统的自动喷漆设备，用于钢箱梁的底面漆喷涂作业。使工件整体表面的底漆面漆膜厚度符合标准，工件喷涂处理后的表面均匀，无流挂，质量达到标准。保证该喷涂系统的重复利用率，可适用于不同作业厂的工作环境，便于转运运输。以下方案包括本设备的工艺流程、全套设备的功能设计、结构、性能、安装和调试等方面的技术要求。

整套设备设计使用寿命为5年，设备整体设计适用于重金属粉尘环境，行走机构采用电力驱动，喷枪系统采用气动驱动。喷漆系统设备动力要求见表7-5。

喷漆系统设备动力要求　　　　　　　　　表7-5

电力	三相：380V ± 10%，50Hz，30kW
	单相：220V ± 10%，50Hz
压缩空气	0.35～0.6MPa（至设备使用点）
水	工业自来水：0.2MPa

7.5.1　设备功能描述

设备功能如下：

（1）通过人工遥控和激光导航的方式，完成钢箱梁底面、斜底面自动喷漆，喷漆效率大于200 m²/h。

（2）油漆集中调配，配置喷漆机器人，具备自动供料、自动搅拌、自动预警、自动停机等功能。

（3）每次喷涂过程中，在机器人本身的运动半径范围内采用E字形喷涂模式，故而喷涂出来的区域为长方形，大致为长2.2m×宽1.8m，面积约为4m²，时间约为1min。

（4）双组份油漆混合均匀，比例准确，可以自动监控温度、压力、混合比例，在超出设定范围时自动报警停机，显示故障原因。

（5）喷涂油漆用量可以计量统计，喷涂过程中数据自动记录，可以下载。

（6）采用高压无气喷涂方式。

（7）喷涂质量要求：外观均匀平整，无流挂、橘皮、针孔等明显缺陷，厚度保持基本均匀，具体参考《公路桥梁钢结构防腐涂装技术条件》JT/T 722—2023标准。

7.5.2　使用智能喷涂设备对车间的改造要求

地面为水泥地面，平整度不超过5mm/1000mm，局部错台≤3mm，坡度≤2%，构件底面距底面最小高度（支墩高度）≥1.8m。

车间内部建造设备间，在设备间内配备充电桩，用于设备的存放和充电（图7-5、图7-6）。

图7-5 喷漆设备效果图

图7-6 喷漆设备施工图

7.5.3 钢桥面智能喷砂、喷漆设备

设计以轮载式搭载平台（AGV小车）为基础，搭载喷漆机械臂模块、喷砂机械臂模块，实现钢桥面的喷砂除锈和喷漆施工（图7-7）。钢桥面智能喷砂、喷漆设备可在类似项目上重复使用，可适用于多种具有大平面工件（顶面）的喷砂除锈和喷漆施工（图7-8、图7-9）。同时，设备转运灵活，无需对车间进行基础改造，经济性好。

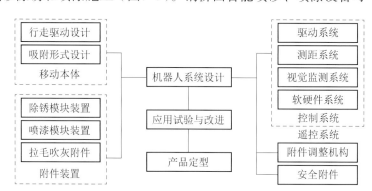

图7-7 喷砂机器人、喷漆机器人整体设计思路

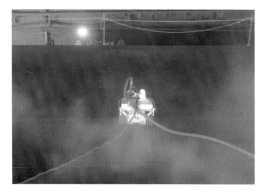

图7-8 钢桥面智能喷砂设备施工图

图7-9 钢桥面智能喷漆设备施工图

整套设备设计使用寿命为5年，设备整体设计适用于重金属粉尘环境，行走机构采用电力驱动，喷枪系统采用气动驱动。喷砂、喷漆设备动力要求见表7-6。

喷砂、喷漆设备动力要求 表7-6

电力	三相：380V±10%，50Hz，15kW
	单相：220V±10%，50Hz
压缩空气（喷枪系统）	≥0.6MPa（至设备使用点），≥3m³/min

7.5.4 智能喷砂、喷漆设备功能描述

（1）完成钢桥面自动喷砂除锈、自动喷漆施工，轨迹自设（直线行走）。

（2）可通过遥控、线控的方式控制设备的运动轨迹。

（3）AGV小车在X轴方向通过激光导航控制实现定速直线运动。

（4）喷砂机械臂模块控制喷砂枪以X轴为中心线做左右摆幅运动，形成扇形作业面。

（5）喷漆机械臂模块控制喷漆枪头在Y轴上做匀速往复运动，形成Z形作业面。

（6）控制系统可控制AGV小车的启/停、移动速度、转弯及喷漆模块及喷砂模块的运动速度、启停等。

（7）喷砂、喷漆过程中数据自动记录（如工作时间、空气压力、移动速度等），并可以下载。

7.5.5 中控室

1. 中控室尺寸与内部布置

中控室建造尺寸：长8m×宽4.5m×高3m（图7-10）。计划建在喷漆厂房后侧，中控室内布置有：喷涂人机交互控制柜、用于生产监控及信息管理用的显示大屏、2台电脑客户端、2台数据服务器、高2m的大型机柜，及相关办公用物品（如：办公桌椅、打印机、安全帽边柜、文件柜等）（图7-11）。具体布置根据建设规格进行相应调整。

图7-10 中控室外观

图7-11 中控室实景

2．中控室实现的功能

中控室监测系统可通过数据服务器，实时采集现场生产作业状态及厂房环境，对采集的数据进行分类/分析，可直观形象地显示设备状态、当前作业任务、工作人员等电子信息（图7-12）。中控室的监控系统平台以设备信息采集的接口为基础，搭设可人为键入的部分有效数值（如：项目进度、人员信息等），以便对项目信息进行统一归口整理，并预留与厂区内现有系统（如：MES系统）进行数据传递的接口（图7-13）。

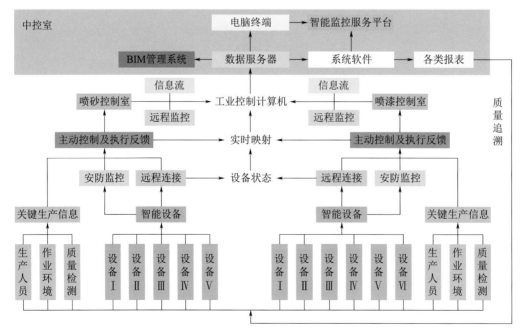

图7-12 中控室控制流程图

图7-13　控制系统软件界面

7.6 | 其他系统

钢箱梁梁段拼装合龙缝采用环保型自回收喷砂设备进行喷砂除锈，喷砂设备具备粉尘自主回收、自动进料等功能（图7-14～图7-16）。梁段拼装合龙缝应采用多组份高精度配比喷涂设备进行喷漆作业（图7-17），喷漆设备具备自动配比、计量、即混即喷等功能。

图7-14　自回收喷砂设备

图7-15　自回收喷砂设备工作状态

图7-16   自回收喷砂设备专用架子   图7-17   双组份配比系统

7.7
本章小结

深中钢箱梁智能涂装生产线从喷砂除锈、热喷涂、喷漆以及合龙缝四个方面，实现了钢箱梁涂装生产线的智能化，并通过5G＋工业互联网实现系统与生产数据的实时交互，同时实现对生产设备的信息采集工作，相关数据信息可由车间MES系统通过车间大屏进行分析展示，为项目生产管理提供决策依据，从而达到加快生产效率、提高生产质量和减少人工的目的。

深中钢箱梁智能涂装生产线经过实际应用验证，达到了预期效果，推进了钢箱梁涂装的智能化、信息化发展，为钢箱梁制造产业的转型升级贡献了应有的力量。

第 8 章

钢箱梁智能制造BIM+
信息管理系统

8.1 | 概述

深中通道是集"桥、岛、隧、水下互通"于一体的世界级跨海通道工程，项目总长约24km，其中桥梁工程全长约17km，钢箱梁总量约28万t，本标段的钢箱梁体积庞大、结构复杂、精度要求高，加上设计院、监理单位、建造方、管理中心等多环节协同，过程环节多，易出错，在钢箱梁的加工制造质量和工期方面面临着很大的挑战，对钢箱梁的自动化、智能化制造提出了内在需求。

BIM（Building Information Modeling/Management），是指基于最先进的三维数字设计和工程软件所构建的"可视化"的数字建筑模型，利用三维数字模型对项目进行设计、建造及运营管理。其最终目的是使整个工程项目在设计、施工和使用等各个阶段都能够有效地实现建立资源计划、控制资金风险、节省能源、节约成本和提高效率，从真正意义上实现工程项目的全生命周期管理。BIM的协同设计能力、高精度模拟、虚拟建造能力，结合智能制造的生产质量水平，恰好给出了完满的解决方案。

为实现深中通道工程建设信息化和可视化管理，促进参建各方协同工作，本标段在三维生产设计、进度管理、智能制造、制造执行、平安工地、质量管理等方面均借助BIM技术提升公司的信息化、自动化、智能化水平。同时，本项目以实现钢箱梁制造的提质增效为目的，充分借鉴沉管隧道钢壳智能制造项目的实施经验，以解决正交异性桥面板疲劳损伤等钢箱梁病害通病为突破点，利用传感网络化综合集成技术，将自动化生产线、焊接、装配、涂装机器人等数字化制造装备有机地集成在一起。

建立钢箱梁桥梁工程智能制造服务信息平台、数字全模型管理系统、物料优化及管控系统、集成智能化系统以及车间网络及中央控制室设施，全面实现数字化、自动化、信息化，在管理全过程实现软件化、可视化和权限化管控，形成从钢材预处理到板单元的智能化加工制造车间。通过BIM+信息管理系统，夯实钢箱梁智能制造核心能力的技术基础，推动桥梁制造模式的深刻变革，创新中国桥梁的建造发展模式。

8.2 ｜ 智能制造 BIM＋信息管理平台业务框架规划

8.2.1　BIM平台

为高标准控制深中通道的设计、制造和施工质量，本项目将在制造全过程应用 BIM技术、物联网、云计算、大数据等新一代技术，按照工程管理全过程信息化管理、智能制造和智慧工地建设的要求，通过与自动化、智能化生产设备及信息化的集成，构建钢结构的智能管控平台，实现施工设计、工艺、制造、管理、物流等环节的集成优化；基于BIM实施深化设计、工艺仿真和制造管理过程的数据集成；运用互联网＋业务，通过移动办公和统一的BIM管理平台，实现与建造方的协同工程管理与办公；运用物联网技术，设置现场作业区的人员、特种设备电子看板，建立多地视频监控系统，打造智慧工地；通过大数据技术实施质量统计分析、关键工艺知识库、施工过程管理，搭建可视化的工程管控中心，实现智能管理与决策，全面提升工程建造质量和综合管理水平。主要内容包含基于BIM的智能制造技术管理体系建立、基于BIM的深化设计与接口开发、基于BIM的智能制造及生产管理、现场视频监控系统、基于BIM的物流跟踪系统、桥梁大数据分析平台、基础网络建设等内容。

BIM平台开发遵循规范化、开放性策略，本着面向我国工程项目建设实践、充分考虑当前信息化建设状况，采用稳定成熟的开发平台和数据库平台进行系统设计与开发。

本系统总体上应体现统一设计原则、先进性原则、成熟性原则、适用性原则、可扩展性原则、安全性原则、稳定性原则和兼容性原则。

BIM层级架构图如图8-1所示。BIM平台搭建完毕后，在实际应用过程中，将收集项目全过程周期的各类信息，并由桥梁钢结构工程智能制造信息平台通过BIM接口平台进行传输，如图8-2所示。

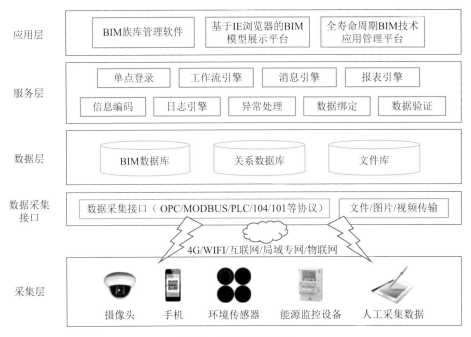

图8-1　BIM层级架构图

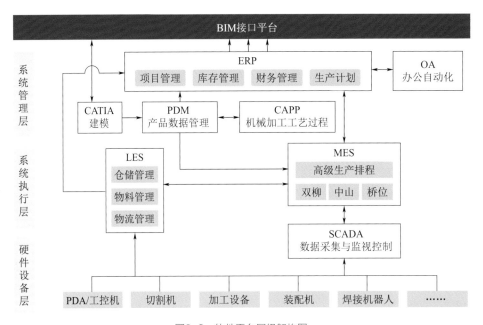

图8-2　软件平台层级架构图

8.2.2　信息管理平台

为了适应智能制造发展需求，正在全面打造新一代信息管理平台，该平台涵盖桥梁工程经营信息决策系统（ERP）、桥梁工程数字全模型管理系统（PDM）、桥梁工程物料优化及管控系统（LES）、桥梁工程制造集成智能化系统（MES）四大子系统。

ERP系统包含对集团的财务管理、人力资源管理、信息资源管理、物资资源管理等功能为一体的整体解决方案。PDM系统是从需求、规划、设计、生产、仓储、使用、直到回收再利用的全生命周期中的信息与过程管理。自动套料系统以钢板物料结合数据建模算法及生产工艺参数为指导，确定了钢板切割零件的最大利用率。MES及SCADA系统纵向打通生产过程中的不透明，使生产作业管理和执行更加高效。LES系统确保了物质钢板及零件在生产过程中能有序地进行调拨及物料转运。利用ERP系统、自动套料系统、MES系统及PDM系统的高效协同与集成，对设备、生产、质量、成本进行全过程监控，实现了产品研发设计、工艺动态优化及制造过程数控化。

总体信息流交互如下：

1. 设计信息流

由设计院提供三维模型，再由工艺所将三维模型导入PDM系统，提取产品清单信息，形成二维CAD图纸，通过PDM系统编制各类工艺文件，并对工艺文件进行评审，评审完成后将工艺文件和设计数据同步到ERP系统进行经营信息数据分析。

2. 采购与库存信息流

项目经理在ERP系统中将桥梁合同转化为项目的钢箱梁项目计划。

计划员在ERP系统中接收桥梁项目计划，执行钢箱梁物料需求运算，输出钢箱梁零件的需求，将钢箱梁零件的需求传给LES系统进行预套料计算，再计算输出板材需求，将钢板板材需求导入ERP系统中，进入采购流程。钢板采购到货检验合格后在LES系统中入库并记入质检结果，钢板收货信息同步到ERP系统中。

LES系统根据ERP系统中物料编码进行板材二维码标识和库位管理。

3. 生产计划信息流

生产计划部门根据钢材到货情况在ERP系统中制定车间级月度工单计划和旬工单计划。

MES系统接收ERP系统的车间计划，结合生产BOM、PDM系统的工艺信息和物料信息，通过系统计算得到合理的排产计划，传到LES系统中。

LES系统根据桥梁工程计划和排程排产计划，生成物料备货计划；LES系统根据MES系统的生产执行情况生成物料配送计划。

4. 生产加工信息流

下料加工。MES系统开始执行生产计划，进行正式套料计算，生成NC代码和零部件图册上传到PDM系统FTP服务器，MES系统下料开始时，根据原材料的二维码到PDM系统服务器下载生成NC代码和零部件图册，将生成的NC代码和零部件图册下发至切割设备划线，同时把零部件编号喷到零部件上，切割设备解析NC代码，开始进行钢板切割。钢板切割完成后的零部件余料分别在LES系统中入库，信息同步到ERP系统。

单元件及部件加工。桥梁钢箱梁各条单元加工生产线，根据桥梁MES系统中的APS子系统中的排产计划，开始生产钢箱梁单元件。生产完成后单元件数量、质量等信息存入LES系统半成品库，库存信息同步到ERP系统中。

各生产线通过局域网络将各设备PLC或数控系统主机与MES系统对接进行数据交互，并将设备的状态信息（如关机、待机、运行、故障或报警等）和加工过程数据（如焊接工艺参数、时间、操作人员信息等）反馈至MES系统，MES系统再通过看板展示，服务生产线智能化制造生产。

MES系统在生产加工中采集物料信息、人员信息、设备信息、加工关键参数、质量信息、产量统计信息、库存信息等，数据同步到ERP系统中；根据桥梁建设合同的信息，LES系统进行成品出货计划，安排物流计划。

5. 接口数据信息流

ERP系统根据系统的标准接口将数据传送到BIM系统中；在企业总控室中，通过所有相关系统提供的信息分析整理数据，对各个项目管理生产环节中的进度及异常情况进行监控和预警；同时部分数据可通过移动端进行查看，总体规划框架如图8-3所示。

图8-3　智能化生产线整体规划框架图

8.3
智能制造 BIM+信息管理平台系统架构

通过科学整合各个业务系统于统一平台，可以快速集中各个业务系统的优势，充分利用公司已有或将建的信息资源和信息系统，在不断变化的管控模式及流程的环境下，结合业务需求，通过系统集成构建企业门户管理平台，采用基于（服务总线）ESB的企业应用集成框架，构建SOA（面向服务架构）的体系构架，实现公司多个应用之间的高效集成，并通过整合业务流程，实现对企业信息资源的集中统一管理，提升信息化应用能力。

1. 搭建基于业界标准的企业门户

建设一套符合SOA架构的企业门户。通过整合现有的各类业务系统，实现单点登录，建设统一系统的界面标准，规范现有和未来系统的界面。

2. 搭建企业服务总线，集成不同业务系统

通过ESB这种基于目前最为先进的面向服务架构的最佳实现，集成不同的应用软件和应用系统，充分利用现有系统已有功能，提供独立于各系统的流程管理和服务监控，提供一套先进、高效、稳定、开放、安全的应用集成服务，实现各个业务系统的跨系统流程流转、数据的互联互通，建立接入ESB接口规范、开发规范和管理规范。

3. 统一数据集成与展示

通过数据集成工具抽取各业务系统数据，利用报表等数据展示工具构成数据的前端分析、展现，形成决策分析报告，对数据进行统一集成，使门户和ESB有机地结合起来。

系统总体架构图如图8-4所示。

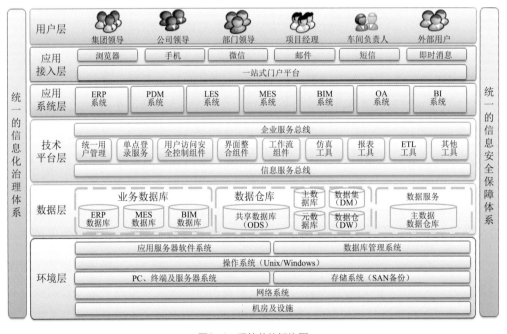

图8-4　系统总体架构图

8.4 │
智能制造 BIM＋信息管理平台组成与研发

8.4.1 BIM系统

1. BIM组织机构

深中通道钢箱梁包括三个标段，在管理中心的统筹下，各标段成立BIM技术应用领导小组（图8-5）和BIM工作小组（图8-6），从组织机构上保障本项目BIM技术的应用推广。同时引入专业BIM技术团队，配合项目信息管理部推进基于BIM的信息系统的开发、标准管理、实施、运行维护、优化与持续改进。

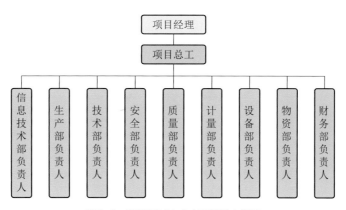

图8-5　标段BIM技术应用领导小组图

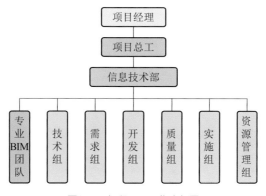

图8-6　标段BIM工作小组图

标段项目经理部统筹BIM技术应用整体工作，领导小组负责与业主及其他工程相关参建单位的沟通协调，并设有BIM、软件工程等领域专家组成的专家顾问组指导项目组工作。合同段BIM工作小组岗位职责见表8-1。

合同段BIM工作小组岗位职责表 表8-1

小组名称	职 责
专业BIM技术团队	·组织制定BIM应用标准与规范。 ·对项目整体上下游写作单位需要的BIM数据进行格式转换和接口开发。 ·负责项目BIM技术支持，提供解决方案
信息管理部	·负责项目的统筹，参与项目决策，制定工作计划。 ·负责建立和管理团队，制定人员的职责权限和考核奖惩制度，制定项目中各类BIM标识及规范
技术组	·负责本项目的BIM设计和生产应用工作。 ·负责收集、整理、维护构件资源数据及项目交付数据和标准化审核
需求组	·负责收集并了解项目流程、BIM平台功能设计，完成应用价值及优劣势分析，提供可行的BIM平台技术方案，进行技术测试与评估
开发组	·负责针对项目部实际业务需求的定制开发，帮助BIM应用提升
质量组	·负责各工种各专业的综合协调工作和BIM交付成果的质量管理（包括阶段性检查及交付检查等），以及对外数据接收或交付，配合其他相关合作方检验，完成交付工作
实施组	·负责BIM应用流程、规章制度和软件使用等培训，解决BIM软件在使用过程中遇到的问题及故障
资源管理组	·负责BIM应用系统、数据协同、存储系统、构件库管理系统的维护、备份工作，及负责各系统权限的设置维护及涉密数据的保密工作。 ·负责各项环境资源的准备、维护及涉密数据的保密工作

2. BIM数据接口平台的设计开发

以《基于BIM技术的钢箱梁智能制造应用指导文件》《深中通道全寿命周期BIM技术应用实施导则》和管理中心提供的各类管理、技术文件为依据，以标段车间制造执行智能管控系统为基础，新建面向BIM的数据接口平台。

车间制造执行智能管控系统数据贯通集成后，可以方便地调用各层级的信息，接口平台主要面对深中通道管理中心BIM管理平台提供的接口，分类进行数据转化，替代人工输入转换，实现两个平台间的数据互通、信息共享（图8-7）。

图8-7　平台间的数据互通、信息共享

3. 基于智能制造的三维数字化生产设计

标段项目部将按《深中通道建筑信息模型分类及编码标准》确定用于本合同内的分项工程（WBS）编码清单。在产品设计模型方面，标段项目部在收到项目设计单位提供的三维模型后，将根据工艺方案，对该模型进行精细化，添加节段划分、工艺余量等生产设计数据，精细化后的模型导入深中通道BIM平台，使之成为可维护的数据承载对象。

模型构建的目的是利用BIM建模软件，将前期方案设计阶段的数据转化为可视化的模型，为虚拟施工和碰撞检测提供条件。模型构建的具体内容包括以下几点：

（1）模型使用CATIA创建。模型精细度等级不应低于LOD3.0，几何表达精度不应低于G2.0，信息深度不应低于N2.0。

（2）根据工程重点、难点和项目特点，安排专业技术人员进行三维可视化建模，对各专业进行功能化分析。

（3）构件的材料、规格检查，针对设计说明及图纸中的表达，对照模型进行逐一确认，保证模型的材质、规格等信息和2D图纸中的表达一致。

（4）校验完各专业模型之后，在平面、立面、剖面的视图上添加关联标注，使模型深度和二维设计深度保持一致。

（5）按照统一的命名规则命名文件，分别保存模型文件。

BIM生产详细设计模块可实现多专业联合协同设计，通过构建三维信息模型，实现虚拟建造、图纸校核、碰撞检查、动漫演示、设计及施工交底、生产设计加工一体化功能。具体见表8-2。

三维数字化生产设计　　　　　　　　　　　　表8-2

序号	建设内容	示　例
1	BIM协同深化设计	通过CATIA软件进行三维BIM协同设计。所有的大节段、小节段、板单元、零件等几何信息和设计信息等通过施工图深度BIM建模。建模精度响应和满足招标要求，并符合行业标准	
2	BIM碰撞检查优化及预拼装	BIM建模过程中，将进行模型碰撞检查，提前规避碰撞问题，减少和消除窝工返工现象。在整体模型建立后，将对每个节点进行预装配BIM模拟，同时结合实际制造空间、安装方案和吊装条件预先进行BIM分析和评估	
3	BIM设计出图及可视化技术交底	在设计BIM模型优化定稿后，将通过BIM软件生成构件自动化编号并导出二维图纸，辅助加工和安装工序在现场使用。同时，BIM导出的施工图还将进行必要的调整和信息数据补充，如加工说明、运输保护说明、安装精度说明等	
4	BIM工程量和设计参数信息统计	基于BIM模型可以快速提取用钢量、螺栓数量、型号等材料的工程量，辅助材料管控和现场精细化管理。通过BIM工程数据和设计信息（如构件尺寸、材质、坐标点、焊缝数据等）的导出，进行后期生产设计加工一体化功能应用	
5	制造工艺流程模拟仿真	制造加工前，根据BIM深化模拟、场地模型、制造空间、运输条件、设备、人员等因素进行流程工艺模拟仿真。通过预先模拟，优化设计制造流程和资源投入。可视化工艺使指导工人现场施工有据可依	

续表

序号	建设内容	示　例
6	设计变更协同管理	运用协同软件建立项目级OA，实现以模型为媒介的线上审批	

4. 钢箱梁智能制造信息管理的应用

钢箱梁智能制造信息管理的应用主要包括设计阶段、生产阶段及运维阶段。

1）设计阶段

在项目设计的过程中，可能将会产生大量的数据文件，这些数据文件的管理、检索、共享和重用等都是困扰我们的问题，有了管理平台数据管理系统，我们就可以将所有数据文件放在管理平台服务器上，从而方便跟踪管理和对版本的控制。

设计阶段BIM技术应用管理平台作为工作组间的数据管理软件，其能很好地帮助团队跟踪工作进度、控制文件版本和提高设计效率。除此以外，设计阶段BIM技术应用管理平台中所管理的所有数据资料可以直接导入所开发的其他管理平台中，并且能够进行信息的实时更新、交互。

2）生产阶段

结合BIM与IOT技术对生产过程中的各项工作进行信息化管理。

（1）基于BIM技术的采购与仓储管理

基于BIM模型生成采购清单，整合采购管理系统中管理采购的全过程记录。通过BIM构件生成二维码来追踪物料到货和入库情况，并查询对应采购合同等信息，管理库存情况、出库运输与配送。

（2）基于BIM的生产计划管理

利用BIM模型，分解出生产制造顺序和进度要求，由ERP系统根据项目进度要求，制定生产节点计划，并将计划发送至BIM模型信息管理平台和MES系统，MES系统根据ERP系统给出的计划，利用APS子系统进行车间作业计划的详细制定，并对计划的下发和执行进行全程监控（图8-8）。

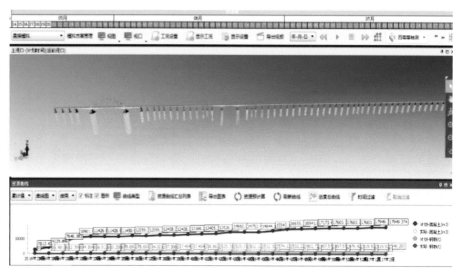

图8-8　生产计划管理应用场景

（3）基于BIM的生产执行管理

车间制造执行智能管控系统通过信息传递，对生产制造过程进行优化管理。当生产车间里有实时事件发生时，系统能对此及时做出反应、报告，并利用当前的准确数据对其进行指导和处理。通过对生产现场组织分解结构（OBS）的研究分析，建立符合钢箱梁实际的工作包、派工单；再对产品结构进行WBS分解，对每一节点的WBS赋予工作包属性；依据WBS成组理论，对生产计划按照标准工时进行倒推，按照作业单元生产负荷，调整作业计划，实现量化派工。在生产过程中，系统通过物联智能设备对生产过程的每一道工序进行实时数据采集、比对和决策分析，有效保证产品质量。同时利用桥梁BIM模型对工程量和生产计划进行参照统计，提交统计表。在BIM平台中可以分段查看生产执行情况（图8-9）。

（4）基于BIM的质量管理

车间制造执行智能管控系统提供质量信息管理模块，追溯到半成品及成品的生产制造过程，半成品、成品制造过程和原材料入场、产品设计。主要包括成品检验、特种工艺检验、不合格品处置、质量隐患排查、质量检验计划编制、质量统计、质量记

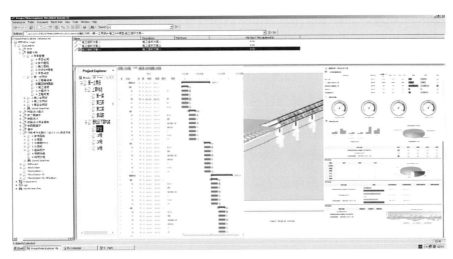

图8-9 生产执行管理应用场景

录表格、原材料信息跟踪追溯、焊缝信息跟踪追溯、实施实名制记录、报验项目申请、现场检验手机APP签认系统、试验检验记录。结合BIM模型关联，设置质量隐患库，在此基础上对施工质量问题管理数据进行填报与采集，并进行追踪与分析，从而有效地控制项目质量问题。

（5）基于BIM的人员定位管理

运用安全帽定位系统、电子围栏实现人员定位和考勤管理，同时与BIM三维电子地图布置集成，查看人员运动轨迹。作业人员遇突发状况时，可一键报警并发出警示（图8-10）。

　　工人日常考勤：对于不具备封闭条件的项目，我们通过智能安全帽可以实现无感移动考勤、轨迹定位查看的功能，确保辖区内的项目考勤数据采集完整。

图8-10 人员定位管理应用场景

（6）基于BIM的设备运维管理

车间制造执行智能管控系统通过IOT技术进行设备管理，提供设备故障的历史记录和设备维护数据，采集生产设备的运行状况、工作时长、运行轨迹，并根据数据分析设备的工作效率。故障出现后，能有效地帮助维护人员分析故障类型、确定故障位置，弄清故障影响范围，进而提高响应速度，缩短故障报告到故障修复的时间，辅助制定抢修方案等。可以节约维护成本、提高维护质量，能够管理设备日常检测数据，通过对检测数据的分析，预测设备可能出现故障的时间段，并报警提示对该设备进行日常检修，更好地保证企业的正常生产。在BIM实景地图里面，将每台设备的关键数据，关联至设备模型，通过点击设备模型即可查看设备情况。

（7）安全环保健康管理

结合三维环境实景BIM模型，根据安全文明施工规范划分区域，设置安全隐患库，在此基础上实现施工安全问题管理数据填报与采集，并进行追踪与分析，从而有效地控制项目安全问题。基于模型做危大工程、危险源的管控，在安全巡检中，现场安全员通过手机APP拍照发起问题，选取问题所在三维环境模型或工程模型位置，推送给整改人，整改人能快速找到问题位置并及时做出响应，进行拍照回传，形成安全管理闭环，使整个过程与模型关联，后期可清晰地追溯责任（图8-11）。

图8-11 安全环保健康管理应用场景

（8）基于BIM的视频监控管理

通过视频监控网络布置，可实现对所有在建项目的图像安全、技术质量、物资、施工等诸多方面进行实时管理，现场中央监控室展示的图像质量可达DVD画质，通过相关软件只需轻点鼠标即可进行同步操控，实现平面360°、上下90°立体化监控，并可随时调整摄像头焦距，掌握微观、宏观场景，监控画面可多幅、单幅切换，使监控更具针对性（图8-12）。在远程端，也可达到相应的画质，现场情况一览无遗，同样可以对摄像头进行调控，观看不同视角的画面，而且视频信号流畅，可对施工现场的各种动态信息做到及时掌握。

图8-12　中央监控室

（9）基于BIM的桥位施工管理

通过移动端、电脑端、网页端BIM模型，实时管理工程状态，利用私有云技术，工人可利用手机移动端进行二维码扫描，轻松设置工件目前所处的状态后，施工现场调度人员即可利用电脑端或者手机端随时随地了解桥位施工的当前状况，降低因构件运送延迟、设备保养不到位、施工人员不足等原因所导致的施工延期，把控项目整体进度（图8-13）。

（10）基于BIM模型的焊缝地图管理

通过BIM信息模型实现焊缝信息的可视化管理，解决传统手工统计和管理焊缝信息的弊端，通过对三维建模软件CATIA的二次开发，在模型中实现对焊缝的快速编号和属性定义，同时实现对焊缝的坡口类型、长度、焊材用量、焊接工时等信息的统计，生成焊缝地图，将焊缝信息在三维建模、生产准备、焊材采购、车间焊接、质量

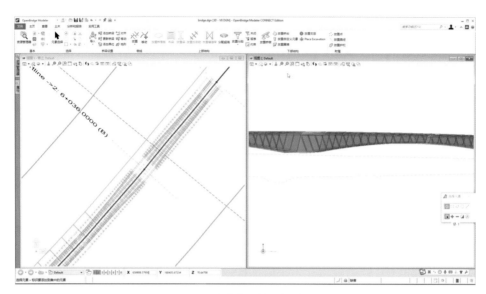

图8-13　桥位施工管理应用场景

控制等环节进行有效整合，实现完整的数据链，从而在项目整个过程中实现焊缝精细化管理，提高企业的生产力（图8-14）。

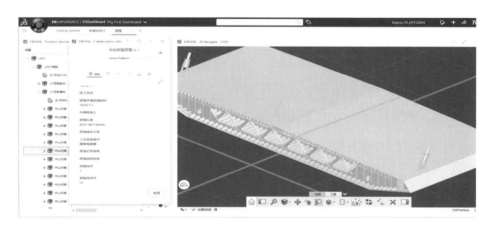

图8-14　焊缝地图管理应用场景

3）运维阶段

结合BIM技术应用，实现对运营阶段各项工作的信息化管理。

（1）桥梁工程主体变更：根据实施过程中出现的设计变更单，及时更新模型（图8-15）。同时补充模型构件的信息资料，以保证与现场的一致性。

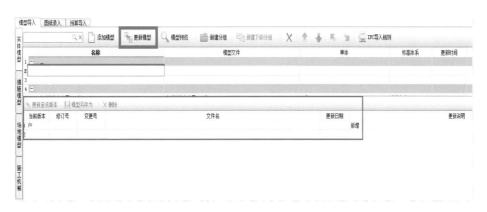

图8-15　变更信息申报

（2）竣工模型校对：依据竣工资料核对BIM信息模型，满足BIM负责人对竣工模型的审核要求（图8-16）。

图8-16　模型校对

（3）工程资料信息快速查询：整合消防系统、照明系统、监控系统等，在三维模型中直观展示。实现各子系统的管理协调，可快速查询和调取各类信息。

（4）应急响应：加强突发事件应急处理，防患于未然，基于模型快速准确定位灾害位置。

（5）运维信息记录与查询：快速动态记录及快速查询运维历史资料。

5. BIM模型数据融合及安全保障

1）数模融合与共享协同

通过面向BIM的数据接口平台建设，可将生产制造数据、各类技术管理数据实时传输至深中通道管理中心BIM平台，对产品三维模型信息进行动态维护、实时更新，形成实时的数据模型。此数据模型代替人工转换输入，提升了效率，减少了差错。

深中通道管理中心BIM平台和手机APP是协同作业的重要互动端，运用范围覆盖业主方、设计方、监理方及其他方。通过BIM接口平台，将对应的管理流程和数据与车间制造执行智能管控系统中对应流程进行整合，实现与协同作业单位的共享协同。

2）数据安全保障

采用私有云技术，在私有云平台上部署信息系统，保证数据安全。另外从技术角度，信息安全手段和措施可以分为六层：物理层、网络层、主机层、数据层、应用层、访问层，每层都有相应的技术措施可应用（图8-17）。

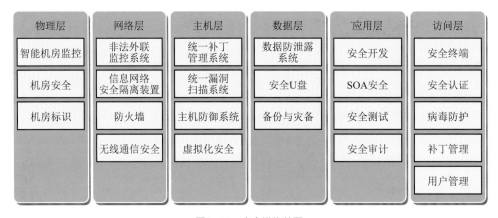

图8-17　安全措施总图

（1）物理层

①智能机房监控

智能机房监控管理可对机房实现远程集中监控管理，实时动态呈现设备告警信息及设备参数，快速定位出故障设备，使维护和管理从人工被动看守的方式向计算机集中控制和管理的模式转变，减少误判。

②机房安全

制定《机房生产制度》《机房保密制度》《机房消防管理制度》《机房灭火流程图》《机房灭火应急预案》《安全疏散示意图》等安全管理制度以加强机房安全管理。

（2）网络层

①从安全和管理双重视角确定VLAN划分的原则

在服务器端，一方面需要通过VLAN来防止广播风暴，另一方面需要区分生产机和测试机以区分不同的访问权限。

在客户端，区分内外部用户，实现对不同数据的安全访问和提高IT管理效率的目的。

VLAN划分原则如图8-18所示。

图8-18　VLAN划分原则

②完善网络安全接入控制

紧密结合实际需求，从终端、通道、边界、接入、应用等多方面进行防护体系构建，对不同终端及应用采用不同的接入拓扑、接入设备及防护、监控、管理策略。

解决各类终端设备和业务安全接入公司内、外网的问题，提供认证、加密、防护等服务。

（3）主机层

①对系统平台补丁统一管理，把握好系统安全和系统稳定的平衡。

②建立起对主机进行定期漏洞扫描的机制。

（4）数据层

①建立灾备中心，对核心应用及数据进行容灾备份；在信息系统建设阶段，先实现数据级容灾；待应用系统稳定后，再搭建应用级容灾系统。

②对核心数据进行加密，确保在指定的环境下才能打开，并且建立数据流出侦察和过滤系统，特别是研发数据和财务数据。

企业内部信息系统架构图如图8-19所示。

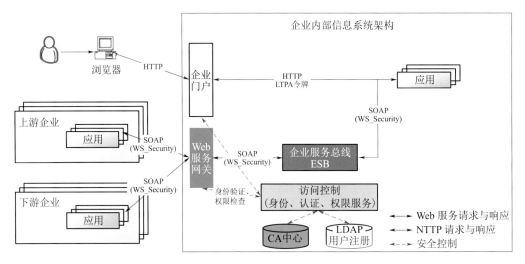

图8-19　企业内部信息系统架构图

（5）应用层

①对重要应用系统建立定期安全审计的机制

安全审计是对系统中有关安全的活动进行记录、检查及审核。其主要目的就是检测和阻止非法用户对计算机系统的入侵，并显示合法用户的误操作。

安全审计主要是采集操作系统、服务器、应用系统、网络设备（包括安全设备）等的日志及网络应用的通信，分析处理收集到的审计事件及日志，及时发现其中的违规行为等，并提供取证的证据。

安全审计的依据即是企业自身所制定的安全管理策略。

②基于SOA的安全开发

对于一个真正安全的SOA来说，证书、密钥和加密同样是必不可少的。最健壮的SOA安全性都源于实现了使用认证机构的私钥/公钥进行身份验证的加密消息传递。XML加密允许Web服务用户发送保留XML格式的加密SOAP消息。数字签名是加密模型的一种变体，使得Web服务的用户可以创建一个唯一确认的数字"签名"，其用途有验证用户身份和确保消息数据的完整性。

最后为了跟踪SOA的使用，有必要采用可以保存所有消息请求和响应的动态审计日志的SOA安全性解决方案。审计日志对于在SOA中研究安全性问题和诊断安全性漏洞，以及实现管理规章服从性，都是必需的。

（6）访问层

加强对系统中用户全生命周期的管理（图8-20），特别是核心系统、关键用户账号的管理；实现各系统账号的统一，简化用户的管理，促进用户生命周期管理的进一步落实；结合技术手段的实施，完善用户管理制度，在角色改变和用户注销环节，加强制度的执行力度，强化用户全生命周期管理。

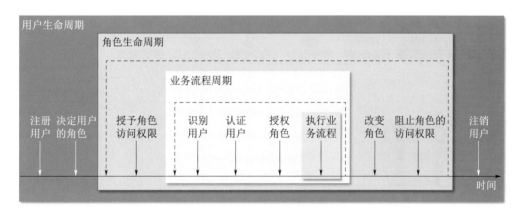

图8-20　用户全生命周期管理图

8.4.2　桥梁工程经营信息决策系统（ERP）

对标段及其上级公司而言，项目管理的全过程可分为五大阶段：项目营销、项目策划、项目执行、项目收尾、项目保修（图8-21）。在上述五个阶段中分别就各阶段涉及的管理内容进行信息化应用匹配，其中各阶段的核心应用包括：市场经营、招标管理、进度管理、资金管理、成本管理、分包管理、物资管理、设备管理、技术质量、安全生产、生产管理、人力资源、协同办公、风险内控、经营分析与决策支持等，建立的武船重工"人、财、物"一体化平台如图8-22所示。

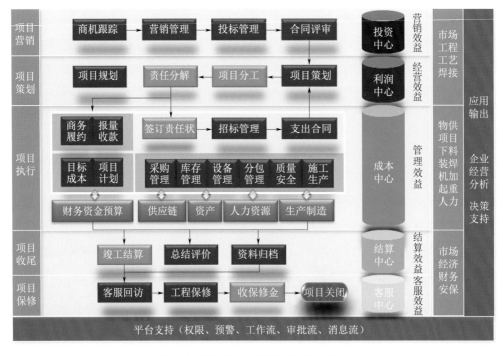

图8-21 桥梁钢结构工程经营信息决策系统

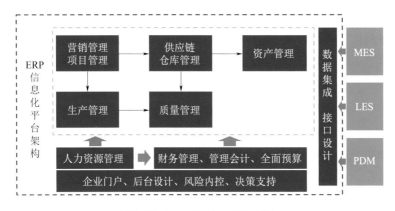

图8-22 ERP信息化平台架构图

1. 营销管理

市场经营管理是运用一整套的方法来整合客户、市场、项目及其他面对客户的业务模组的协同作业，其通过对接人员、业务流程和信息技术来最大限度地建立客户间的联系，包括客户、合作伙伴、内部客户或供应商等。

营销管理包括支持营销线索及招标投标管理、快速报价管理、销售预测管理、营销合同及合同执行跟踪管理、销售合同出货管理、售后服务管理、提升订单交付能力、客户对账管理、开票申请、发出商品管理、应收及预收管理、销售统计报表等应用。

2. 项目管理

项目管理包括项目计划管理、项目执行管理（含安全管理、环保管理等）、项目分包管理（含招标管理）、计量支付、项目收款管理、项目实际成本管理、目标成本管理、项目文档管理、项目质量管理、项目竣工管理、项目统计报表等应用。

实现项目全生命周期多模组的管理，对项目的进度、采购、成本、质量、文档进行控制。支持预算刚性和柔性管理，在采购、支付等业务环节进行实时预算管控。支持设备和资产联动，满足资产全寿命周期和项目建设转生产要求。

支持查看作业的详细信息；支持对作业进行暂停、复工操作；支持追加作业的产出信息；支持手工追加、参照材料清单导入；支持作业执行过程中的记事反馈及附件管理；支持计划变更后对作业下游单据的同步调整；支持对作业任务的下达及生成下游执行单据；支持对作业进行进度申报，生成手工申报、作业进度申报单，对下游单据进行自动反馈。

支持多种进度计算方式；手工申报或作业进度申报单支持按工期、按工时手工填报；支持按产出数量（生产完工数量、采购到货数量、入库数量等）、收款金额、单据状态等自动反馈。

3. 供应链管理

供应链管理包括供应商管理、供应商评价体系、MRP物料需求计划、采购计划执行、市场询价、采购合同管理、采购合同执行、集采的多角模式、采购统计报表等应用。

以采购订单为核心，对采购过程中物流运动的各个环节及状态进行跟踪管理，如物资计划汇总、计划库存平衡、供货商响应、货源确定、配额管理、订单、收货、发票、付款申请、付款结算等。

支持多种模式的采购暂估和结算的处理。

实现线上采购合同的组织、评审、录入，同时将合同（订购单）与采购计划、（检验）入库单据、发票、付款流程关联，付款流程按照要求审批执行，并与财务业务一体化。

实现标准化、流程化的招标采购管理。可按上级主管单位要求及公司招标管理制度，实施采购招标程序；可按照公司授权管理制度，履行授权申报，组织签订外包外协合同；负责组织大型设备的选型、配置、监造工作。

支持付款资金计划的维护。

实现供应商准入、注册、验证、开通资质等方面信息的统一化管理，以便于查询供应商执照及各种资质等相关信息，同时可以对物资采购供应商的资格进行准入审查、复评和考核评价，维护相关档案，对供应商进行全生命周期管理，实现供应商管理的全程电子化。

4. 仓库管理

仓库管理包括库存状态管理、出入库管理、库存调整、库存盘点、VMI仓库管理、钢材库特殊管理、厂外仓管理、存货核算、库存统计报表、支持与仓储系统对接、物资编码管理等应用。

实现集团公司日常的原材料、产成品出入库业务处理，主要有实现各类出入库业务处理，实现公司各厂及部门材料出库单的领用及后续核算处理，自动形成物资消耗成本（或费用），支持库存数据的分析和预警。支持库存调整业务主要有调拨、报废、货位调整、主辅计量平衡等业务。

实现仓库管理系统与生产管理、质量管理、营销管理、财务管理等系统的有限集成，加强业务协同，提高效率。针对退换货业务，可以直接将退换货的出库流程与采购执行管理流程关联，而对于生产过程中的用料需求变更，可以对已配送的原材料进行退库管理。

实现多样式、多维度报表需求分析。针对库存相关业务，可以提供不同库存分析报表，如现存量、安全库存分析、超储分析等报表，以及多公司、多组织、多仓库、多货位的库存统计报表；库存台账、各种特殊业务备查簿；辅助计量、批次、辅助属性、序列号的库存跟踪查询报表。支持按仓库、批次查询库存的可用量。

5. 生产管理

生产管理包括生产计划管理、计划排产、计划调度管理、计划数据统计、生产执行管理、生产领料控制管理、生产进度统计、生产工艺管理、生产成本单元核算、生产统计报表等应用。

通过信息系统，实现生产准备管理流程中各单位的协同，如信息的收集、反馈、会议的组织等。建立统一的计划管理体系，生产体系的经营计划、采购计划、主生产计划、外协计划、出厂计划等在同一平台上制定、调整，实现计划制定、执行反馈、计划调整的协同；可将生产体系各单位的生产计划、物料计划、检验计划等纳入同一个体系进行管理，通过信息化工具对其内在逻辑关系进行明确，并对各计划的制定与调整进行指导及限制，实现计划制定、调整、执行的协同；通过信息化工具实现对生产计划执行情况的监控，做到物料动态（外购、外协、车间生产过程）可实时在计划管理平台上展现。

实现项目生产统一计划、分层控制，保证计划可快速调整、撤销，且调整后的计划能够及时生效。

实现按照特定对象（如生产批次、生产单位等）查询所有生产相关计划的执行情况。编制下料车间作业计划，实现工序齐套性排产、钢板料库备料检查等功能。

通过事先制定备料计划，在生产过程中实现物料配送，做到在正确的时间向正确的地点提供正确的物料，如物料不足可采用提供替代料和批次挪用的手段来满足生产要求。

实现对生产订单的实时跟踪、监控、调整、追溯，做到能直观反映物料加工工单的执行情况，以便于生产过程管理。

实现生产调度过程中执行反馈、变更、进度跟踪、分析、监督考核等管理。高效采集数据，有效跟踪和管控生产全过程的信息。支持编制各类生产管理统计报表，支持与生产作业相关的提示和预警。

实现主需求计划、主生产计划、物料需求计划的逐级平衡，在保证按照年度计划准时交付产品的同时，力求实现生产制造的平顺和均衡。

6. 质量管理

质量管理包括质量数据管理、质量检验（IQC、PQC、FQC、OQC）、材料质保书管理、质量分析统计、质量追溯、质量统计报表等应用。

支持质量体系构建；支持生产现场检测，并贯穿了项目全过程；支持焊工能力评测。

实现报检、抽样、检验、报告以及不合格品处理等工作流程的在线运行。支持自动检测设备的集成，促进质量检验电子化。

7. 财务管理

财务管理包括总账管理、应收应付、固定资产、资金管理、费用管理、成本管理、财务统计报表等应用。

实现业务、财务的一体化，整体数据集中处理，以提高信息处理的效率；实现仓储业务与财务系统的对接，自动核算原材料、产成品出入库业务的存货成本，并与财务系统进行对接；实现采购、销售、产品成本核算等业务环节与财务核算的一体化管理。实现收付款业务与资金管理、现金出纳业务的全面整合，并逐步实现在全面预算监管和控制下的资金收支；提供便捷的报表联查功能。通过系统灵活的工作流配置工具，可实现单据审核、审批时，能灵活定义业务流程。整合销售及采购的业务流程和信息流，打通部门组织间的壁垒，实现数据共享。

实现销售及采购业务信息与财务信息及时准确的传递，通过流程、参数的设置将管理控制点细化到业务过程中，充分发挥财务管理和监督作用。

实现集团内部交易的协同、对账、抵销，全面支持面向不同报告要求的多账簿，全方位管理企业应收应付、现金流量分析等方面。

实现仓储业务与财务系统的集成，自动核算原材料、产成品出入库业务的存货成本，并与财务系统实现集成应用。实时核算武船重工原材料、产成品、委外加工件的入库、出库成本。

8. 管理会计

管理会计功能主要包括项目材料核算、项目生产成本核算、项目销售成本核算、项目目标成本管理、全面预算管理、资金管理、集团财务管理、管理会计统计报表等功能。

支持成本结构设定及灵活的分摊方法，计算成本，并与库存、财务、计划进行有机对接，以保证数据的真实性及正确性；支持库存按实时移动加权平均和基于批次的实际成本核算，库存及产成本收发应实时把数量和价值信息对接到财务；在项目成本管理模式下，月末成本差异能够通过系统标准功能自动进行差异分摊分配。

9. 资产管理

资产管理包括设备档案管理、设备使用管理、资产采购管理、资产维护管理、维修管理、能源数据管理、基建管理、资产统计报表等应用。

支持设备和资产联动，实现账卡物一致管理；支持固定资产多会计准则下，按照不同准则计提折旧；支持同一会计准则下按照不同折旧规则计提固定资产折旧，自动出具固定资产税会差异报表；具备资产信息管理、资产使用管理、资产租出管理、资产租入管理、运行管理（点检管理、巡检管理、故障管理）、维护管理（预防性维护计划、定期维修维护、定期检验、润滑记录）、维修管理（故障维修、计划维修、状态维护）、易耗品管理、周转材租出管理、周转材租入管理、折旧管理、变动管理、修旧利废、报废及资产处置等功能。

10. 人力资源管理

人力资源管理包括组织管理、员工管理、薪酬核算、假期管理、考勤管理、招聘管理、培训管理、绩效管理、员工自助、人力统计报表等应用。

人力资源管理系统的应用要能充分兼顾集团共性与下属分子公司个性化需求，实现分级管理。系统要具有充分的灵活性，能支持数据层面、流程层面、报表层面等方面的自定义配置，满足个性化应用；系统要能充分结合业界最新的管理思路与信息技术的发展，在专业人才管理应用中预置不同业务角度的专业管理指标、分析模型、书写助手等管理要素；系统在满足当前集团需求应用的同时，能适应集团的快速发展与管理变革，支撑组织机构、岗位职务、人员数据、管理模式、业务流程等方面的调整和变化，建立柔性的、扁平化人力资源管理体制，全面改善和提升集团的人力资源管理专业水平，解决集团快速发展和变革所带来的管理挑战。

实现相关人员信息能按权限反馈给各部门，与集团形成网络对接，能查历史记录；建立人员信息库，能记录人员状态，包含职工全生命周期信息；能按人员类别进行考勤；加强对关键岗位和关键人员的管理；改善培训管理的针对性、及时性、实践性，进一步加强培训效果；对全过程绩效管理进行监控，以促进员工、部门能力的提升。

11. 企业信息门户

企业信息门户可以与现有协同办公信息管理平台实现短信平台、领导日程、会议管理、个人事务处理、文件管理、邮件、集团信息、信息发布、知识库等功能，用户可以在局域网或者广域网登录。整合信息化系统所有相关模块的应用，支持移动端和PC端，要求对接后的系统能支持一次登录，按身份权限进行认证，自动控制用户的访问权限，无需再逐一登录各个业务系统。待办及消息提醒在门户首页进行展示，同时根据不同的权限将在门户首页设置专门页笺，用以展示高层重点关注的商业分析报表。

在一期建设中，由于很多其他模块建设功能比较基础，且未做深度集成，因此只做了基础信息前端展示。系统建设中主要涉及对企业信息门户平台的搭建，主要是设计与企业价值观相符的界面展示风格，利用易于操作使用的模块功能进行排版，以便让这些信息能更加清晰直观地展示。

搭建基于业界标准的企业门户。搭建企业服务总线，集成不同业务系统，统一数据集成与展示，实现一个社交化协同办公平台，在发挥企业ERP等系统传统优势的同时，利用即时通信等互联网工具和技术，为企业提供办公协同、沟通协作等核心价值，帮助企业提高管理水平和工作效率，让组织更加扁平、透明、高效，全面为员工赋能。

12. 数据对接

提供各类规范、标准的交互接口，为功能交互和系统间对接提提供技术保障，并提供接口说明书、数据库设计说明书等必要文档。

支持ESB、Webservice、XML数据集成接口方式，实现基于数据同源的生产过程管理，提高工作效率。实现科研生产管理过程的可见、可管、可控。

13. 全面预算

支持经营、投资、项目、成本、财务等各类预算指标；支持实现预算的编制、上报、审批、下发分解、执行控制、分析、评价；支持多种控制标准；支持预算编制、预算执行、预算分析、预算调整、预算控制等多个方面。预算管理是实现企业资源优化配置、提高企业经济效益的先进而科学的管理工具。

实现预算可以对企业内部各部门、各单位的各种财务及非财务资源进行分配、考核、控制，以便有效地组织和协调企业的生产经营活动，完成既定的经营目标。对各业务系统的单据流转环节提供事中的实时控制，提供单据流转过程中的实时预算余额查询、预算扣减及预算返还的处理逻辑，系统通过控制策略设置将实际业务与预算数据信息相匹配，结合灵活多样的控制方式设置实现预算控制逻辑。

14. 风险内控、内控管理

支持风险内控主要包括风险内控、内控管理。风险内控需确定何种风险可能会对企业产生影响，最重要的是量化不确定性的程度和每个风险可能造成损失的程度。内控管理是为保证经营管理活动正常有序、合法的运行，采取对财务、人、资产、工作流程实行有效监管的系列活动。企业内控要求保证企业资产、财务信息的准确性、真实性、有效性、及时性；保证对企业员工、工作流程、物流的有效管控；建立有效的对企业经营活动的监督机制。

15. 决策支持

通过数据对接工具搭建统一的大数据仓库，将众多应用系统的数据进行整合与提炼，并在统一架构和统一数据源的基础上，建立商业智能分析平台。通过数据挖掘和信息呈现技术，将海量的数据转换为决策依据的高价值信息，使决策层获得深刻的洞察力，从而实现成本效益优化和高盈利的业务决策。面向企业管理者角色，聚焦管理分析视角的"经营分析体系、营运监控体系"。

支持系统是辅助决策者通过数据、模型和知识，以人机交互方式进行半结构化或非结构化决策的计算机应用系统。它是管理信息系统向更高一级发展而产生的先进信息管理系统。它为决策者提供了分析问题、建立模型、模拟决策过程和方案的环境，可调用各种信息资源和分析工具，帮助决策者提高决策水平和质量。

在项目全生命周期，实现对项目管理的各个职能范畴进行风险管理和控制，实现信息技术管理能力的提高、意识和实际效果的充分运用。支持对不同层次的管理者、决策者进行管理。支持有效增强决策分析的支持力度，提高决策效率。实现运作流程规范化，增强和支持数字化。

16. 后台设计

1）支持用户权限管理

权限管理应该包括用户、角色、资源等基本信息的管理，还应该包括角色分配和权限分配，通过角色和权限的分配，实现对整个应用系统灵活的安全配置，为访问控制提供支撑。

采用了基于角色的访问控制模型，并对其访问控制进行了扩展，能够很好地满足合法用户安全可靠地访问系统相应的功能和信息。因此分为用户管理、角色管理、权限管理。

2）支持日志管理

日志管理在信息系统中有着重要的地位，从各种操作系统到一般的应用程序，都能发现有关日志的模块或者功能。它可以记录下系统所产生的所有行为，并按照某种规范表达出来。

根据对日志管理的要求，日志系统自动记录后台每一步的操作痕迹，包括用户的登录、阅读、添加、修改、删除操作，实现全面的跟踪和记录，达到安全可控的目的。对所有操作日志记录可指定条件模糊查询，同时可对历史记录进行查看、查询和分析统计的操作。

17. 接口设计

1）管理平台对接设计

（1）采用统一标准的消息传输中间件对接数据。

（2）配置一台具有公网地址的数据传输专用服务器，带宽不低于10Mb，有效传输速率不低于500kB/s。

（3）创建数据视图，提供数据库访问接口信息，包括数据库类型、IP、端口、用户名及密码等，保证传输中间件系统对上传数据视图具有访问权限。

（4）具有日志功能，传输过程可监控。

（5）传输接口具有可配置性和可扩展能力，能够适应扩展需要。

2）支持用户接口

（1）实现各系统用户身份的统一（用户名/密码的全局唯一）。

（2）建立统一的身份认证机制，所有业务系统的认证均需要和统一身份认证中心交互。

（3）可以集中控制每个用户对各个业务系统的访问权限，集中授权（能访问哪些系统、能访问哪些系统的哪些功能节点）。

（4）对用户的各类业务操作实现全局日志监控。

3）支持界面接口

（1）实现使用同样的身份信息即可一站式访问所有业务系统的功能，统一各系统访问入口。

（2）实现各业务系统的待办、消息、界面、功能菜单的统一集中展现。

（3）提供企业VI设计、界面美工设计服务，及页面展现、使用的规划服务。

4）支持流程接口

（1）提供业务流程（以跨系统业务流程为主）的梳理、配置、跟踪、监控、统计分析等服务。

（2）提供"代理业务流程""统一业务流程"两大类流程服务。

5）支持服务接口

（1）提供与服务相关的各类规范制定服务。如：开发规范、申请规范、订阅规范。

（2）提供服务仓库的建设（服务仓库是Webservice服务的集中管理场所，管理所有的"服务"资产）。

6）支持业务接口

采用服务总线（ESB）数据交换平台，提供与财务、资产、供应链、人力资源、协同办公等业务系统的集成服务。

7）支持数据接口

（1）提供数据标准制定、服务标准制定、管理标准制定服务。

（2）提供各业务系统公有基础数据的统一管控服务。

（3）提供企业数据中心规划与建设服务。

（4）提供基于图表、报表的数据加工、展现服务。

8.4.3 桥梁工程数字全模型管理系统（PDM）

各标段产品数据输入来源是由设计院提供的相关桥梁图纸（蓝图），通过分解和处理形成符合业务施工的新图纸，并在此图纸的基础上进行工艺设计，形成最终可面向生产部门用于生产指导的施工设计图。施工设计图中包括：图纸封面（包含项目名称、工程编号、签署信息等）、工艺加工过程、加工要求和工艺说明，当前图册包含待加工零部件列表清单、每个零部件二维设计工程图等信息。

借助PDM系统通过CAD设计图纸的导入实现产品数据的录入，包括：物料数据、EBOM数据和设计图纸的批量上传。完成设计数据录入，经过流程签署发布后，PDM系统将设计图纸和产品数据优先传递给套料软件用于预套料，计算出产品加工过程中所需材料（钢板）定额，套料软件将库存信息和材料定额信息反馈给ERP系统用于采购。

在PDM系统中完成产品数据审批后，工程设计及技术研发所需要根据产品加工要求，通过线下任务指派的方式进行工艺任务分工，由各个部门独立编制对应的工艺文件，主要包括：下料工艺、加工工艺、装焊工艺等；工艺文件中体现生产加工过程中所需的材料信息、仪器设备、工装辅材、工时等信息。与设计图纸审批要求一样，工艺文件经过流程审批发布后，PDM系统自动下发工艺数据和关联的设计数据给MES和ERP系统，下发的数据包括：物料主数据、BOM主数据、工艺路线、设备工装、材料定额、设计图纸、工艺文件等。ERP系统基于PDM系统传递的BOM数据和工艺路线，开始进行采购计划和生产计划的编制，MES系统通过ERP系统下发的生产计划和工艺数据开展现场车间作业，指导车间加工和生产。

在PDM系统中，在设计、工艺、数据下发全过程，以项目管理的方式进行总线任务管理，通过项目管理实现过程可实时监控，使其透明化，保证各项工作按预期正常开展。

图8-23为PDM系统整体业务流程。实现完整的PDM系统管理，包含工艺编辑工具模块、对象分类管理、对象目录管理、产品结构管理、查询和浏览、编码管理、工艺资源管理器、二次开发、BOM汇总报表、工作流管理、权限管理、系统定义模块、打印管理、系统集成等。

本项目主要包含的业务板块如图8-24所示。

1. 图文档管理

将各种应用程序产生的文件封装为"文档对象"，提供对文档对象的集中存放和管理。包括文档的检入、检出、下载、浏览、编辑、打印、批注等功能。提供文档的版本管理，包括大版本和小版本，小版本在每次检入检出时产生，在出现错误时可以恢复小版本信息，从而保障数据安全。小版本保存的数量用户可自行定制。

支持在系统中直接打开第三方应用程序进行编辑。文档之间可以通过描述关系和关联关系构成一个文档集合，也可以和产品结构关联以完整地反映基于产品的文档结构集合。

2. BOM管理

支持提供产品结构的不同BOM视图管理。BOM多视图转换模块用于实现设计BOM（EBOM）结构根据一定的规则向工艺BOM、制造BOM的转换，帮助企业实现多种BOM的管理和与其他信息管理系统的集成。

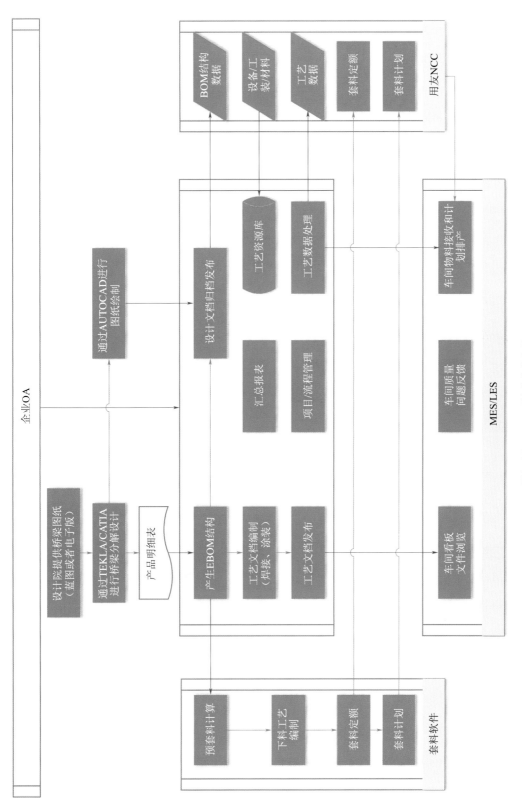

图8-23　PDM系统整体业务流程

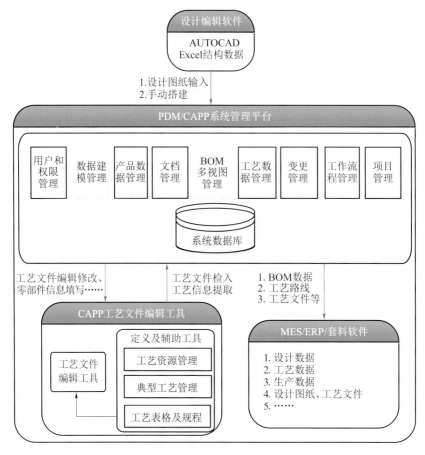

图8-24　各业务板块展示

3. 零部件分类管理

数据建模是在PDM系统中对所需要管理的产品数据、基础数据（人员组织）、流程和项目对象数据的类型进行定义。提供对象类定义用于说明企业数据字典、对象类树、对象类属性及属性项的关联填写方法；提供文档模板定义用于说明企业各类文档的编辑工具、浏览圈阅工具，以及签字位置和签字方法；提供关联视图定义是使不同的角色可以从不同的视角看到产品的数据。

4. 工作流程管理

工作流程管理的价值在于可以让文档的签审过程实现规范化和自动化。在工作流程中，执行人、流程中的工作对象（文档）、权限等流程的过程可自动变化，给设计者提供一个最方便的工作环境，从而规范企业的工作流程。

5. 变更管理

工程变更管理除了管理变更的结果，更主要的是控制变更的过程。变更的结果表现为BOM、文档（2D/3D）等新版本的产生。系统支持变更的过程包括变更申请、变更执行和变更通知，并通过整体的变更流程进行控制。在变更过程中，提供零部件引用查询、关联查询等工具帮助用户进行更改影响范围的分析；通过新版本流程来控制新版本的审批过程，并可通过流程规则来减少人工参与，提高工作效率；通过手工更新版本或自动的版本更新规则来启用新版本，并通过版本管理功能进行历史数据的追溯、版本控制等。

6. 权限管理

功能权限：只有授予了功能权限的人员（授予权限角色中的人员，下同）才能对功能进行操作。

对象权限：通过定义对象属性规则授予用户的对象权限。根据不同的对象类型，单独授予操作权限，可以确保每一个操作都能够独立地控制。支持对象权限的时间限制，通过时间限制来自动地回收权限。

属性权限：系统支持对属性进行单独授权，可以通过属性授权来保护如价格等敏感的商业信息。

7. 组织结构管理

组织角色定义用于建立所有可能使用到PDM系统的部门组织模型、人员和角色的相关信息。组织建模提供组织管理、角色定义、用户扩展属性定义、组织扩展属性定义等功能。可以定义包括人员姓名、密码、职务、职级、密级以及在具体业务中所担任的角色等各种与PDM系统中权限和任务等功能相关联的基本属性。同时，通过用户扩展属性定义、组织扩展属性定义工具，还可以帮助企业管理组织与人员的其他相关信息，例如联系方式、家庭住址、技术能力等。

8. 工艺管理

建立的工艺管理系统，支持工艺卡片表格自定义；支持工艺规程管理，包括定义各种工艺规程类型和技术文件类型的封面、过程卡、过程卡续页、工序卡工艺卡续页等，定义各种类型的工艺过程卡和工序卡之间的对应关系；支持工艺规程内容编制，提供所见即所得的各种文字编制的功能；支持工序简图绘制；支持工艺类型管理及追加、插入、删除、修改工艺类型。

9. 项目管理

PDM系统对整个项目过程流程的定义、过程的执行及过程输出物等相关内容进行有效监控，确保项目的可追溯性。数据的及时传递，能使相关部门及时地参与到设计过程中，尽早发现错误，减少损失。PDM系统通过动态反馈项目的进展状态，项目组能及时发现项目进度和质量可能存在的问题，便于对资源的调配。

PDM系统支持通过创建项目团队和项目角色来灵活方便地去指派任务的执行者，以支持WBS分解的快速有效进行。项目管理可以和工作流程结合起来，这种结合是通过工作对象来完成的，并且可以在一个集成的界面中统一展示。

10. 系统集成管理

PDM系统将实现通过最终协商的一种集成模式（例如中间表的方式，或者数据总线的方式，或者Webservice）与第三方ERP/MES/OA公司完成数据集成工作。

8.4.4 桥梁工程制造集成智能化系统（MES）

桥梁工程制造集成智能化系统将重点实现制造集成管理、高级计划排程、数据采集与监控，并实现与智能产线的数据集成（图8-25）。桥梁工程制造集成智能化系统将获取的订单数据，从后往前，按拉动生产方式将其转化为内部生产单，并按生产顺序逐个进行量产的排产，下发到各生产机台进行流水线排序/排程，协同监控上下游生产和供应链，当影响"衔接"的异常发生时，将快速定位、分析和应对，协同调度后通过人工对生产计划进行调整，之后系统自动进行同步生产，当所有生产工序都执行完成，桥梁工程制造集成智能化系统将生产结果（成品投入/产出/完工日期/包装信息等）返回给桥梁工程经营信息决策系统。

该系统将智能化企业信息技术与智能设备技术相结合，打通上下游板材预处理、切割、下料、组装、焊接、校正等智能设备，应用于桥梁建设的设计、建造、桥梁部件生产管理、试验测试的各个阶段和各个方面，通过信息资源共享、研制过程协同、功能集成和基础环境建设，促进桥梁建设的数字化综合集成应用。

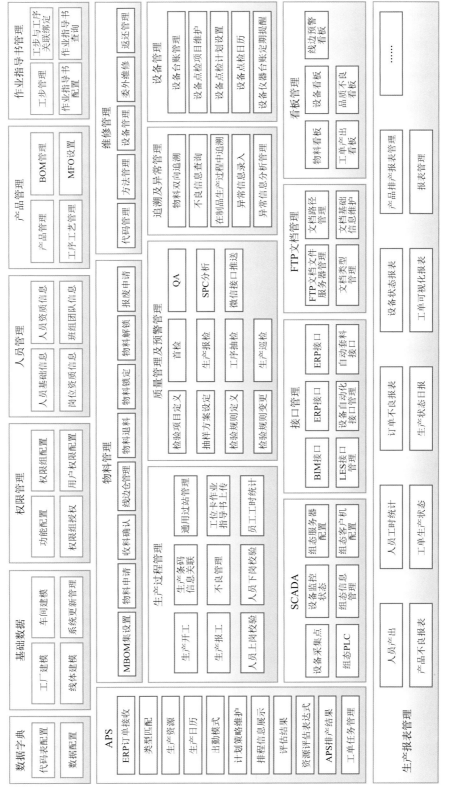

图8-25　桥梁工程制造集成智能化系统

（1）制造信息集成化

有效的数据采集技术，使得各种必要的现场生产过程数据可被收集和记录。

有效的网络技术和软件技术，将制造信息中的各个数据源连接起来，信息无缝地自动传递到设备层，数据可在各层次的系统间正确识别、组装或拆分，信息可被各系统共享。

系统功能支持对计划、物料、工艺、人员、质量、设备、绩效等各方面进行精细化管理。支持各种约束条件下有限产能的、智能化的计划调度。

（2）制造装备智能化

支持生产过程自动化、智能化、精密化。制造设备采用集采集控，实现设备的自学习能力，逐步实现设备的智能化。能够根据生产数据的分析，自动为各个层级的用户提供操作指示和建议。兼容多品牌多协议的设备互联，实现数据自动获取、分析、应用。制造加工过程与数据处理系统深度融合，实现了制造过程中虚拟与现实的互联。数据采集示意图如图8-26所示。

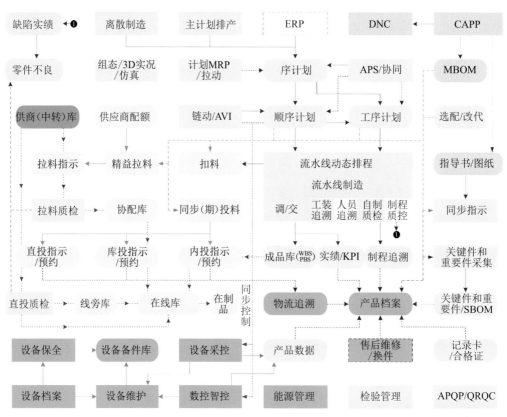

图8-26　数据采集示意图

1. 系统管理

1）用户管理

MES系统提供用户管理功能来对应实际生产业务中的用户管理，主要包含用户名、中文姓名、英文姓名、状态、性别、微信号、邮箱、手机号、备注说明、启用状态、创建人、创建时间等信息。

系统管理员可以新增、修改、删除用户信息，并可对用户进行启用、停用，数据来源默认来自ERP系统用户信息。

2）角色管理

为了更好地管理系统中的用户，可以将用户分配到不同的角色中，不同的角色可以配置不同的操作权限。

本模块可以对角色进行新增、编辑、删除、启用、停用、分配权限等操作。

权限功能：将系统各项功能的操作权限进行合理的分配，不同的用户、不同的角色拥有不同的操作权限。权限管理分为用户权限管理和角色权限管理。

3）数据字典管理

MES系统提供字典类型管理功能来对应实际生产业务中的数据类型管理和数据值管理。MES系统提供编码格式管理功能来对应实际生产业务中的数据编码规范管理。

4）系统登录日志

为保障系统的安全性，MES系统会记录每个账号的登录账号、登录时间、登录计算机名称、IP地址等信息及增删改等各种操作，供系统管理员查询。

系统管理员可以根据时间区间、登录账号等条件过滤筛选登录日志信息（图8-27）。

	系统日志					
操作系统		IP地址		操作类型	▼	
今天	昨天	本周	本月	上月	三个月	...
	发生时间	操作系统	操作IP	操作类型	操作结果	内容信息	范围领域
1	2020-05-20	ERP	192.168.1.2	数据交互	成功	工单计划	
2	2020-05-20	PDM	192.168.1.3	数据交互	成功	工艺文件	
3	2020-05-20	LES	192.168.1.4	数据交互	失败	切料报工	

图8-27 系统登录日志信息

MES系统会通过接口与各系统进行大量的数据交互，本模块记录接口的接口名称、运行时间、运行结果、返回信息等内容，供系统管理员查询。

2. 基础资料

1）组织结构管理

MES系统提供了搭建一套虚拟的组织结构模型的功能，包含新增、编辑、删除、查询各组织和部门；可以维护部门之间的层级关系、联系人等信息。

2）工厂建模

MES系统提供了工厂建模功能来对应实际生产业务中的工厂管理，主要包含工厂编码、工厂名称、工厂简称、工厂地址、组织类型、备注说明、启用状态、创建人、创建时间等信息。

系统管理员可以新增、修改、删除工厂信息，并可对工厂进行启用、停用，可实现跨区域多工厂管理。系统当前组织类型为"公司"级别时，可以维护工厂信息。

3）车间建模

MES系统提供了车间建模功能来对应实际生产业务中的车间管理，主要包含车间编码、车间名称、车间简称、生产范围、备注说明、启用状态、创建人、创建时间等信息。

系统管理员可以新增、修改、删除车间信息，并可对产线进行启用、停用。

4）产线建模

MES系统提供了产线建模功能来对应实际生产业务中的产线管理，主要包含所属车间、产线编码、产线名称、产线名称、生产范围、备注说明、启用状态、创建人、创建时间等信息。

系统管理员可以新增、修改、删除产线信息，并可对产线进行启用、停用。

5）工位建模

MES系统提供了工位建模功能来对应实际生产业务中的工位管理，主要包含工位编码、工位名称、工位简称、生产范围、备注说明、创建人、创建时间、启用状态等信息。

系统管理员可以新增、修改、删除工位信息，并可对工位进行启用、停用。

6）客户管理

MES系统提供了客户信息管理功能（图8-28）。客户信息主要数据来源于ERP系统（前期测试可自行新增），客户编码和名称做唯一性检查，不能重复。客户新增后，除客户编码外其他信息可以编辑修改。

图8-28 客户信息管理

系统管理员可以在MES系统新增、修改、删除、启用、停用、导出客户信息，系统同时具备Excel导入客户信息功能。客户编码数据可自动生成，不可编辑。

7）供应商管理

MES系统提供了供应商信息管理功能（图8-29）。供应商信息主要数据来源于ERP系统（前期测试可自行新增），供应商编码和名称做唯一性检查，不能重复。供应商新增后，除供应商编码外其他信息可以编辑修改。

系统管理员可以在MES系统新增、修改、删除、启用、停用、导出供应商信息，系统同时具备Excel导入供应商信息功能。供应商编码数据可自动生成，不可编辑。

图8-29 供应商信息管理

3. 人员管理

1）人员信息管理

人员信息来源于ERP系统，通过接口导入MES系统。

系统管理员可以在MES系统新增、修改、删除、启用、停用、导出人员基础信息（图8-30）。系统同时具备Excel导入人员基础信息的功能。

图8-30　人员信息管理

2）岗位资质管理

MES系统提供了岗位信息管理功能来对应实际生产业务中的岗位资质信息管理，主要包含岗位编码、岗位名称、岗位证书、证书等级、证书年限、创建人、创建时间等信息。

系统管理员可以新增、修改、删除岗位信息，并可对岗位进行启用、停用。

MES系统提供了人员岗位关联功能来对应实际生产业务中的人员岗位关联管理，主要包含人员编码、人员名称、岗位名称、创建人、创建时间等信息。

3）班次管理

MES系统提供了班次管理功能来对应实际生产业务中的班次信息管理，主要包含班次编码、班次名称、上班时间、下班时间、创建人、创建时间等信息。

系统管理员可以新增、修改、删除班次信息，针对每个班次维护上班时间、下班时间等信息。

4）班组管理

MES系统提供了班组管理功能来对应实际生产业务中的班组信息管理，主要包含班组编码、班组名称、创建人、创建时间等信息。班组建立完成后，可在系统中维护班组包含的人员。

系统管理员可以新增、修改、删除班组信息。

4．产品管理

1）物料管理

物料信息主要来源于ERP/PDM系统，通过接口导入MES系统，可维护外协类型的产品。

数据来源于 MES 系统外的不允许删除、修改；数据来源于 MES 系统内的可进行逻辑删除，删除时产品有与工艺路线关联的情况，不允许进行删除。

2）BOM 管理

当前武船重工 BOM 信息在 PDM 系统中，支持直接在 MES 系统中维护 BOM 数据，也可以通过 Excel 导入（MES 系统提供标准导入功能）。

BOM 主数据：BOM 编号、产物、BOM 类型、数量、是否启用。

BOM 明细：BOM 编号（关联主键）、物料代码、数量、用途、采集类型（必采、可采、不采）。

3）工序管理

MES 系统提供了工序管理功能来对应实际生产业务中的工序管理，主要包含工序编码、工序名称、工序简称、上一工段、下一工段、生产范围、备注说明、启用状态、创建人、创建时间等信息。

4）工艺路线管理

工艺路线维护生产某产品所需的工序、物料、检验、设备、工装工具等信息。

工艺路线主数据：工序清单、工艺检验清单、工艺主物料、工艺设备。

5. FTP 文档服务器管理

FTP 文档服务器管理主要包含 FTP 服务器编码、服务器 IP 地址、用户名、密码、创建人、创建时间等信息。

MES 系统提供了作业指导书配置管理功能来对应实际生产业务中的作业指导书管理，主要包含工位编码、工位名称、备注说明、创建人、创建时间、启用状态等信息。作业指导书创建后，提交审核，通过后方可下发和查询。

MES 系统提供了作业指导书查询管理功能来对应实际生产业务中的作业指导书查询。

6. 物料管理

1）物料申请

MES 系统提供了物料申请管理功能来对应实际生产业务中的物料申请管理，MES 系统将物料申请单上传给 LES 系统，LES 系统根据物料申请单发送货到工位。

2）收料确认

MES 系统提供了收料确认管理功能来对应实际生产业务中的物料收料作业，MES

将物料确认单上传给LES系统。

3）物料退料

MES系统提供了物料退料管理功能来对应实际生产业务中的物料退料作业。MES系统将退料单上传给LES系统。

4）物料锁定/解锁

MES系统提供了物料锁定管理功能来对应实际生产业务中的物料锁定作业。

锁定：被锁定的物料只能用于工单生产消耗，不能进行退料、报废等操作。

解除锁定：将锁定物料解除锁定恢复到可移动状态。

5）物料报废申请

MES系统提供了物料报废申请管理功能来对应实际生产业务中的物料报费作业，MES系统将报废单上传给LES系统。

7．生产管理

1）生产订单管理

管理生产计划的来源数据，实现订单的导入、手工录入、修改、拆分、分解、排序，直至发布后进入工单管理子模块。

订单导入，与ERP系统生产订单进行同步操作，同步成功后成为正式生效的订单。

订单调整，可以实现对订单的修改、拆分、分解等操作。

订单发布，对确认的计划进行发布，同时对发布的订单生成对应的工单信息。

订单撤销，撤销订单下的所有工单信息，撤销成功后，删除订单下的工单信息，订单状态更改为未发布的状态。

2）工单管理

将发布的订单数据做生产前的准备，实现工单导入、工单录入、工单拆分、工单齐套性检查、工单排程、工单发布、序列发布，从而将计划变成生产任务下达到生产车间。

工单调整，可以实现对订单进行修改、拆分等操作。

工单齐套性检查，同步ERP系统数据，确认物料是否满足投料需求。

工单发布，选择工作中心名称、计划开始时间和结束时间，完成工单发布，发布后工单开始派工。

工单撤销，会产生派工单，依据发布的数据可进行任务下达。撤销工单是将任务下达中未操作下达的数据撤销掉，可重新发布。

工单派工，可以依照工序，对班组、人、工位进行派工。

3）计划排程

工单排程，选择计划开始时间段的工单数据，点击启用调整，选择工单数据，手动拖拽完成工单排程操作。

4）工单查询

设置页面上的查询条件，点击后，查询出相应的工单信息。

5）产线工作日历

工作日历是用来描述企业作息时间的数据，为企业生产活动提供基础数据。系统中首先定义公休日、班次基础数据，然后建立日历模板信息。

6）班次开班管理

开班前对设备、物料、工具、人员进行开班检查，并填写记录。

7）工单超期预警

工单预计完工时间不满足计划完工时间时，系统进行超期预警。预警记录通过报表、看板等多种形式展现。

8）报工单

开工：待开工的工单，可以进行开工操作。

报工：开工的工单，可以进行报工操作。报工内容主要包括产品合格数量、不合格数量、人工工时、设备工时等信息，报工登记完成后，提交给自检、互检，最后提交专检。

完工：待开工或开工的派工单，可以进行完工操作，同时进行良品、不良品、报废数报工。

批量报工：选择多条记录单击采集，并可以在工单上录入不良和报废明细数据。

工单改制：根据ERP系统命令，先对工单进行冻结，对在制工单进行物料编码、工艺路线的变更。改制成功保存后，该工单原派工单数据中没有完工的派工单全部删除，按照改制后的工艺路线、工作中心名称、物料编码等信息重新生成新的工单。

工序委外：需要先指定作业负责人员，委外生产完成后，再进行报工操作。

9）不良品记录

现场发现不良品后，在系统中进行记录，通知转入待处理库，并启动不合格品处理流程，消息通过异常呼叫，向系统相关人员发送。

10）工位作业指导书

在服务端的工艺关联文件页面中维护工艺文件与工序的关系。

11）人员岗位校验

获取人员信息中的资质证书信息；获取工位、设备所需的岗位资质信息；在派工或开工前对生产执行人进行岗位资质校验，给出警告并记录。

12）产品追溯码管理

生成的条码信息可以在"产品序列号信息"页面查看。根据"项目＋物料编码＋流水码"形成条码规则，创建产品追溯条码。

13）返修任务

返修处理：选择待返修的工单数据单击进行返修处理，返修处理页面中可通过添加不良品明细来编辑返修的良品数量、不良品数量、报废数量。

14）工时管理

（1）工时查询

根据工艺文件整理出每个产品的定额工时，结合实际工时，统计每个工单的定额工时、实作工时。

（2）工时分配

设定产品、工序、设备的工时系数；根据工时系数和实作工时，进行工时比例分配。

针对工单工时缺失、不准确情况进行工时补录；针对工单漏报情况进行工时补录；针对零星工单工时进行工时补录。

8. 设备管理

1）设备台账管理

系统提供设备台账管理，按照设备分类维护设备台账。

2）设备检测/维保基础资料

设备信息维护人员可以在本功能下面维护设备检测/维保基础资料，维护设备点检项目，根据日程设备点检项目进行统一编号管理，并根据设备属性进行关联。

设备信息维护人员可以在本功能下面维护设备检测/维保模板，整合所需的设备点检项目，并根据设备属性进行关联，形成检测/维保模板。

3）设备检测管理

设备信息维护人员可以设定相应的精度检验计划。设备信息维护人员可以根据精度检验计划，选择相应的检测模板进行精度检验任务。根据设备巡检要求，相关人员手动新增巡检任务，并选择巡检的设备、人员、时间、内容。

4）保养管理

系统依据设备维护的保养周期，自动生成保养计划。保养管理用于设备保养计划的新增、编辑、删除和维护。新建保养计划窗口，包括保养计划名称、计划生效时间和计划失效时间、计划循环时间、计划发布滚动周期。保养计划需要关联设备、保养模板，及分配班组/人员。管理设备保养记录包括直接创建和填写保养记录、保养工单状态及内容查看、保养工单编辑或重新派工、删除未执行的保养工单。

9. 维修管理

1）维修申请

进行设备的维修申请：设备使用人发现设备故障后，发起异常呼叫（设备故障），响应人处理后系统自动生成维修申请；设备使用人自己创建维修申请。

2）维修任务

创建维修任务：设备维修负责人在维修申请单上点击派工，分派维修人员，生成维修任务；维修人员自己创建维修任务（此时默认将工单派工给当前登录用户）；委外维修在审批完成后自动创建维修任务。

创建后的维修任务可以重新派工，关闭维修任务后可再重新创建维修任务。维修任务在执行时可进行开工、暂停、完工、关闭维修任务操作。

3）委外维修任务

当设备需要委外维修时，在委外维修任务中新增并选择维修申请。

4）委外维修验收

当委外维修任务完成后，在委外维修验收中新增单据并选择委外维修任务。

10. 质量管理

1）检验项

选择一道工序，点击新增，输入检测项编号、检测项名称、检测项说明、检测方式、空间类型后保存即可。

检验项目定义功能模块包含以下要素：最多测量次数、最少测量、标准测量次数、必检项、定量/定性、计量单位、标准值、阈值等。

2）检验类型

抽样标准：单件抽样、固定量抽样、比率抽样。

首检：首先在首检任务令信息中，确定工序是否首检，并设定首检的方式和检验条件；在每个班次序列任务令开工前，需要根据当前工序的首检定义，提示用户进行首检；在首检开始后，采集相应的工件及质量信息。当达到"首检标准数"的数量时，系统自动根据在工序设置的首检条件，对首检过程进行质量判断，给出首检结论，让用户解决生产环境的质量问题，并让用户选择处理方案。

过程检：在工序抽检的维护项中，确定各工序批量抽检的方案和抽检的批次大小。系统根据批量抽检的方案，在生产过程中指引检验人员进行批量抽检。由于抽检的批量一般情况下大于工序间产品转移的批量，因此，在批量抽检不合格的情况下，需要从下工序"召回"该批次的产品进行检验。

3）检测模板

依据业务需要和检验内容，建立不同的检测模板，检验模板中包含多个检验项，此功能页面可以新增、修改、删除检测模板。

新建检测模板时，点击新增检验项，弹出检验项清单，针对该模板需要检验的内容依次勾选检验项确定。

4）检验任务

人工创建检验任务：点击任务创建，弹出创建维护页面，选择工单号，选择模板，也可人工选择检验项创建（工单号必填，其他数据根据工单号带出），保存后为该工单号每人工序上的检验内容创建一个检验任务单。

自动创建检验任务：系统根据工单开工/完工情况触发生成检验任务，一个工单生成一个检验任务。

任务处理：选择一行检验任务，点击任务处理，进入维护页面。

5）检验记录

此功能页面用于创建检验记录和进行检验记录处理。

人工创建检验记录：点击任务创建，弹出创建维护页面，选择检验任务，选择模板，也可人工选择检验项创建，同时选择检验结果。

任务处理：选择一行检验任务，点击任务处理，进入维护页面。

6）返修任务检验单

此功能页面用于创建返修检验任务，方式同检验任务处理。

人工创建返修检验任务：点击任务创建，弹出创建维护页面，选择工单号，选择模板，也可人工选择检验项创建（工单号必填，其他数据根据工单号带出），保存后为该工单号每个工序上的检验内容创建一个返修检验任务。

自动创建返修检验任务：系统根据工单开工/完工情况触发生成检验任务。

任务处理：选择一行检验任务，点击任务处理，进入维护页面。

7）生产巡检

生产巡检是由人工确定巡检的频率和数量，不定时地对各工序的产品进行检验，并根据检验结果录入检验结论，同时将检查结果输出过程警报信息。巡检不合格产品不能流到下一个工位，但巡检不对被检的批量产品进行判断，产品正常流到下一个工位。

8）质量报告

质检记录以工单或生产订单为关键单据，将所有工单对应的检测任务进行汇总并查询。选择需要输出的检验项，形成最终的质检报告。

质检报告以工单或生产订单为关键单据，将所有工单对应的检测任务进行汇总并查询。汇总输出质检报告，并将数据传输到ERP质检模板。

11．追溯管理

1）正向追溯

依据产品追溯号正向追溯至生产构成中的人、设备、物料、质量记录、设备参数、焊接参数等信息。追溯是基于前面各项业务过程中采集数据的基础上完成的（图8-31）。

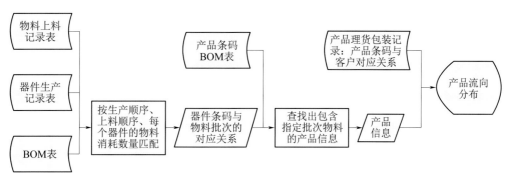

图8-31　正向追溯流程

2）反向追溯

依据物料序列号追溯至该批物料生产了哪些半成品、产成品。产品追溯物料是输入产品上某个部件的某个器件上的某个元件，要追溯出这个元件的物料批次（图8-32）。

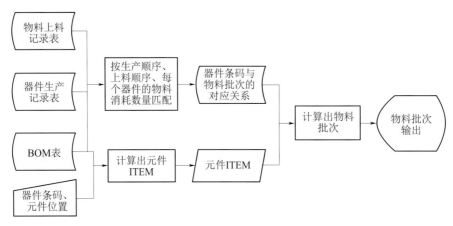

图8-32　反向追溯流程

12. 异常管理

1）异常模板

配置异常类型，维护对应的异常处理流程，同时关联相关人和邮件地址。

2）异常呼叫

现场触发异常管理流程，此功能页面可以新增、修改、提交、删除异常呼叫。

3）异常处理

人员达到现场后处理系统异常，并填写异常处理方案，异常处理完后需要审核是否解决完成，解决完成后则关闭异常。

4）异常统计

统计各类异常的处理状态、各类异常数量等。汇总所有已关闭的异常事件，按照异常类型进行统计，整理出异常呼叫不同类型的总和。

13. 焊机管理

1）焊缝外观检测记录单

记录、查询焊缝外观记录，支持电脑端和安卓平板填报。

此功能页面用于创建焊缝外观检测任务单处理。相关业务要求如下：人工创建焊缝外观检测任务单；点击任务创建，弹出创建维护页面，填写检测内容；任务处理，选择一行检验任务，点击任务处理，进入维护页面。

2）焊缝无损检测记录单

此功能页面用于记录、查询焊缝无损检测记录。

人工创建焊缝无损检测任务单：点击任务创建，弹出创建维护页面，填写检测内容，完成后输出无损检测结果单。任务处理：选择一行检验任务，点击任务处理，进入维护页面。

14. 数据采集管理

1）数据采集通信配置

配置数据采集设备的各项通信协议，通过数据采集系统，收集现场的多种数据格式，包括设备、仪器。

管理人员通过客户端登录分析软件，下载服务器的数据，进行数据采集设备通信配置（图8-33）。

2）数据采集的记录和管理

记录和管理各类的采集数据，如图8-34所示。

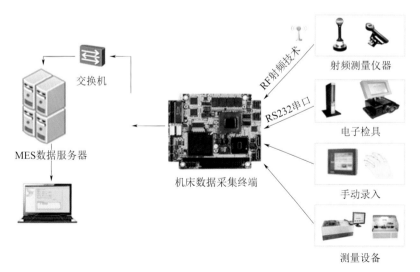

图8-33　数据采集设备通信配置

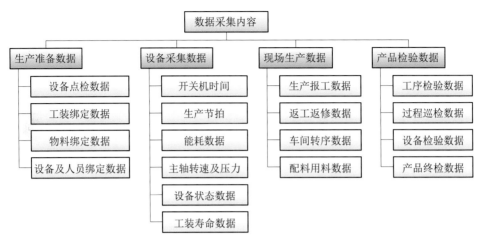

图8-34 数据采集的记录和管理

15. 能源管理

1）用水计量设备管理

维护水表数据采集的基础信息，设置非配方式用于计算统计标准。

配置用水计量设备的仪表类型、型号、生产厂家等基本信息，并添加该类型仪表所能提供的监测参数信息，此处配置情况影响能耗统计、分时段用能统计及参数查询功能。配置用水计量设备能耗统计时涉及的计量表计、所占比例、运算方式信息。

2）水表数据采集记录

采集水表数据，采集自来水的累计耗水量和各自耗水量，以及每月、每天平均耗能和实际耗能。

3）用电计量设备管理

维护电表数据采集的基础信息，设置统计口径和统计标准。

配置用电计量设备的仪表类型、型号、生产厂家等基本信息，并添加该类型仪表所能提供的监测参数信息，此处配置情况影响能耗统计、分时段用能统计及参数查询功能。配置用电计量设备能耗统计时涉及的计量表计、所占比例、运算方式信息。

4）电表数据采集记录

采集电表数据，采集车间产线和大型设备等电表每月、每天的平均能耗和实际能耗。

5）设备用电统计报表

采集设备用电数据，采集设备用电的累计能耗及每月、每天的平均能耗和实际能耗。

6）用气计量设备管理

维护气表数据采集的基础信息，设置统计口径和统计标准。

配置用气计量设备的仪表类型、型号、生产厂家等基本信息，并添加该类型仪表所能提供的监测参数信息，此处配置情况影响能耗统计、分时段用能统计及参数查询功能。配置用气计量设备能耗统计时涉及的计量表计、所占比例、运算方式信息。

7）气表数据采集记录

采集气表数据，采集压缩空气的累计能耗及每月、每天的平均能耗和实际能耗。

8）水、电、气、油综合看板

水、电、气、油综合看板如图8-35所示。

9）水、电、气、油综合对比数据

编制水、电、气、油同期消耗对比报表。

图8-35　水、电、气、油综合看板

16. 看板管理

1）车间LED看板

车间LED看板见表8-3。

车间LED看板 表8-3

看板类型	看板内容
下料生产进度看板	LED屏幕生产看板显示下料车间生产进度看板
焊接生产进度看板	LED屏幕生产看板显示焊接车间生产进度看板

2）车间中控看板

车间中控看板见表8-4。

车间中控看板 表8-4

看板类型	看板内容
设备监控看板	SCADA显示设备实时动画
现场异常看板	实时显示生产现场异常状况及解决情况

3）一楼总控看板

一楼总控看板见表8-5。

一楼总控看板 表8-5

看板类型（尺寸）	看板内容
生产综合看板（4m×4m）	为MES综合看板，内容有安全生产天数、下料进度看板（当月）、焊接进度看板（当月）
综合资源看板（4m×4m）	为ERP综合看板，内容有到货、入库、发货、成本等
质量指针看板（4m×4m）	为ERP综合看板，内容有IQC质检合格率、PQC/FQC质量合格率、QOC质量合格率
物流监控看板（4m×4m）	为LES综合看板，内容有物流动态
视频监控看板（1m×4m）	为中控对接现场监控视频看板（右侧4个单独显示）

17. 报表管理

1）生产报表

根据工程管理部、车间的管理要求，可以通过图表、报表的方式自定义各种角度的报表，其可更好地监视和汇报生产执行情况，包括：工单可视化报表、产品排程报表、产品不良报表、工单生产状况、生产状况日报。

2）设备报表

根据能源基建部的管理要求，可以通过图表、报表的方式自定义各种角度的报表，统计整理设备的各种情况。

根据质量管理部的管理要求，可以通过图表、报表的方式自定义各种角度的报表，汇总质量类的各种报表，包括不良品率、合格率等。

3）工时报表

根据人力资源部、车间的管理要求，可以通过图表、报表的方式自定义各种角度的报表，整理出工人、车间、班组的工时数据。

18. 系统接口

1）MES系统与ERP系统

MES系统通过与数据中心做数据交互，实现ERP系统的集成，主要实现以下接口（表8-6）：

MES系统与ERP系统主要接口

表8-6

生产订单接口	MES系统从ERP系统获取生产工单
在制品报工	MES系统将在制品生产信息报工到ERP系统
物料主数据	MES系统从ERP系统获取物料主数据
基础数据	MES系统从ERP系统获取基础数据（人员、组织架构等）
系统数据	MES系统从ERP系统获取系统数据（用户等）

2）MES系统与PDM系统

MES系统通过与数据中心做数据交互，实现PDM系统的集成，主要实现以下接口（表8-7）：

MES系统与PDM系统主要接口		表8-7
工艺流程	PDM系统将工艺流程推送给MES系统	
工序BOM	PDM系统将工序BOM推送给MES系统	
工序资源	PDM系统将工序资源推送给MES系统	
检验信息	PDM系统将工序检验信息推送给MES系统	
工艺变更	PDM系统将变更工艺推送给MES系统	

3）MES系统与LES系统

MES系统通过与数据中心做数据交互，实现LES系统的集成，主要实现以下接口（表8-8）：

MES系统与LES系统主要接口		表8-8
物料申请单	MES系统发送物料申请单到LES系统	
物料收料单	MES系统发送物料收料单到LES系统	
物料退料单	MES系统发送物料退料单到LES系统	
库存接口	MES系统从LES系统获取物料库存信息	

8.4.5 桥梁工程物料优化及管控系统（LES）

通过本系统部署实现优化套料与优化切割工艺。实现零件及钢板、余料信息可追溯。旨在实现以下目标：

（1）实现钢板的套料软件自动化，提高排板人员的工作效率。

（2）提高板材的利用率，降低产品成本。

（3）充分利用余料板。

（4）优化工艺，提升下料人员的工作效率。

（5）优化仓储物流作业，实现仓库虚拟化管理。

1. 计划管理

计划管理业务流程如图8-36所示。

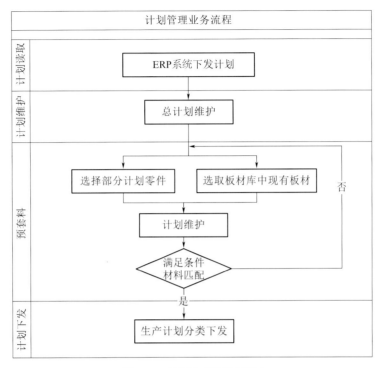

图8-36 计划管理业务流程图

业务流程简述：

（1）根据ERP系统订单计划进行生产计划的排产，排产的依据主要有生产计划的生产周期、材料等，根据以上依据选择合适的订单零件，来排产生产任务。

（2）做ERP系统接口，同时使用Excel对生产计划进行导入。

（3）对于计划维护，在导入相应的ERP系统订单后，可以对其中的个别零件进行某些参数的修改，如优先级、下料方式等。

（4）将维护好的计划下发至任务平台。

2. 板材管理模块

1）库存管理

自动套料软件板材管理模块，对钢板（包括整板和余料）进行了权限控制，同时在套料工程师领料的时候即可同步更新钢板数量，通过这个模块可以将钢板信息直接传入至XSuperNEST钢板库中，同时在套完料后可以将钢板和余料信息直接传回至板材管理模块中，加强了车间仓储和套料工程师间的数据流转（图8-37）。

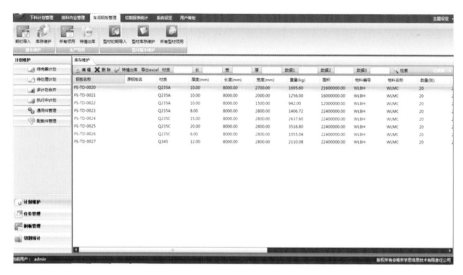

图8-37   库存管理系统

2）钢板占用锁定

套料人员能够方便快捷地检查库存内的钢板信息，能够根据套料任务的需要选择自己需要的钢板规格、尺寸及数量，并进行申领占用操作，占用后即锁定了对应钢板，则其余工程师无法申领对应钢板，实现了各个工程师之间的协同作业，申领的钢板也可以进行释放退库。在领用界面中还可以看到他人领用的钢板记录，加强了各工程师之间的沟通。

3. 项目管理模块

（1）支持对项目进行全过程控制，支持项目数据共享。

（2）支持按工程或者分段创建套料项目。

（3）支持任务的申领、锁定、释放，支持多人协同工作。

（4）支持通用件的套料。

（5）支持配载件的套料。

4. 套料管理模块

能够支持多种形式零件图形的导入，包括：DWG、DXF、2D IGES、NC代码等二维格式的展开图导入，以及Solidworks、PRO/E、CATIA、UG、TEKLA等三维零件图形的导入，并且能够支持Excel表格零件数据与零件图形的相互匹配导入。

1）套料软件具备强大的零件修复功能

套料软件支持用户自行设定最大间隙尺寸，小于该尺寸的未闭合轮廓线，软件可自动修复。套料软件还支持自动移除重合线段，减少了用户修复图纸的工作量（图8-38）。

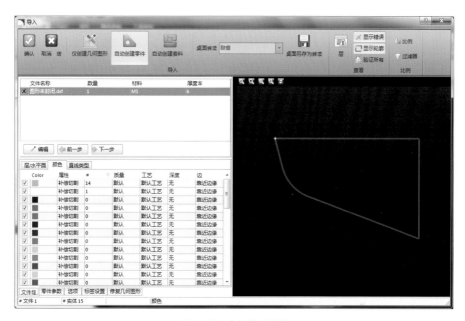

图8-38　套料管理系统

2）标准零件图形库

系统中有批量标准零件的图库，能够支持零件图形参数化功能（图8-39）。

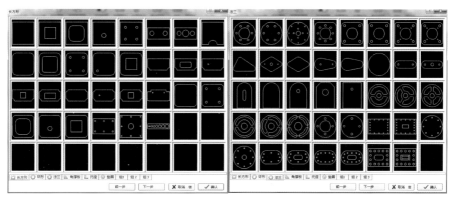

图8-39　标准零件图形库

3）强大可靠的自动套料引擎

自动套料软件有强大的套料引擎，可提供多种针对不同零件的套料算法（图8-40）。

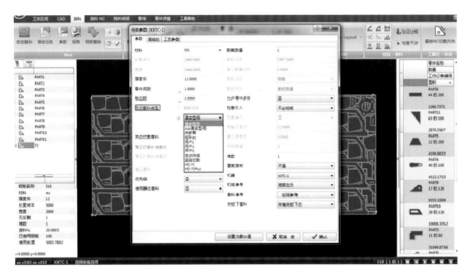

图8-40　自动套料软件界面

系统具有自动优选钢板规格功能，能够在多种规格的钢板中自动选取最优的钢板规格进行套料（图8-41）。

图8-41　自动优选钢板规格功能界面

4）支持自动与手工之间交互套料

自动与手工之间交互套料界面如图8-42所示。

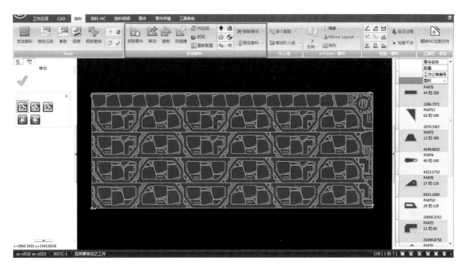

图8-42　自动与手工之间交互套料界面

5）预套料功能

系统可以通过设定最小、最大板材长宽区间以及固定步距自动生成钢板。结合自动优选钢板规格功能，完成计划的预提料工作（图8-43）。

图8-43　预套料界面

6）局部切割速度可编辑

能够控制零件不同部位的切割速度，从而控制零件不同部位的切割质量（图8-44）。

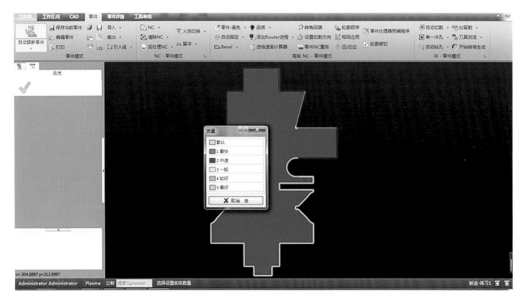

图8-44　局部切割速度编辑界面

5. 余料管理模块

套完料之后可以根据设置的参数自动进行余料的截取，提供了多种余料截取方式，截取后自动生成余料。

6. 切割路径管理模块

1）切割路径一键生成

能够设置多种零件切割路径生成方式，切割路径可一键生成。

2）排板、切割相互独立

软件零件与零件切割路径相互独立分开，互不影响，切割补偿不会改变零件原本大小。在切割路径生成时，可以任意更改切割补偿值，而不用担心零件大小被同时改变。

7. 零件及钢板追溯管理

1）零件追溯

可以根据零件的加工状态（包括是否已经下发计划、是否被套料员申领套料、是否已经套料完成、由哪台设备切割、是否切割完工等加工执行状态）、已经套料零件的排样图信息、同在一个排样图上的其他零件、NC文件信息、加工信息、完工信息、使用钢板信息等，实现零件踪迹的跟踪查询。

2）钢板追溯

可以对每一张钢板进行追溯，包括钢板当前的状态（在库、出库）、出库钢板对应的排样图信息、NC文件信息、钢板上套料零件信息、钢板加工状态信息、钢板上产生的余料信息（如果是余料则可以查询其母板信息）等，实现逐层的追溯管理。

8. 输出管理模块

1）统计报表

自动套料软件的数据汇总：通过数据汇总模块，直接输出整个任务或整个车型的报表，可按月度、季度、年度等方式进行材料统计，方便企业的统计。

2）CAD报表

可以直接输入CAD格式的套料报表，数据显示清晰、方便编辑。

9. 文件管理模块

系统有专业的文件管理服务器，对下料的零件图纸、NC文件、套裁图、余料图形进行管理，避免本地文件的意外删除，导致后期无法追溯。

10. 生产车间切割管理

1）机床下载钢板对应的切割代码

系统拥有专业的图文档管理功能，可管理零件图纸、NC代码、排样图、余料图形等文件信息；同时拥有专业的设备管理和程序派发管理平台，可实现钢板、NC代码、切割机床的协同管理。

钢板吊运至切割机上，可在现场增设终端，通过扫描或输入钢板唯一码，自动下载相对应的切割代码至该机床。现场操作工人无法通过其他渠道下载切割代码或到其他机床上进行切割，以保障代码以及切割的准确性。

2）切割完工报工

钢板切割完成后，下料工可在现场触屏终端上，对所切割机床上的切割任务标识切割完成。切割完成后，系统会自动将生成的余料信息、零件信息传递给钢板库管员、调度员、排料员。标识完工之后，由管理人员将零件完工情况向ERP系统进行反馈，使生产计划状态进行更新。同时，在钢板完成切割后，通过电磁吊行车将切割后的整板吊运至零件分拣区进行分拣，进行下一道工序或者直接打包出货。

11. 生产数据可视化

在系统中，所有生产数据都可以通过可视化的作业看板进行查看。可视化和报表皆可根据客户需求进行自定义。

包含但不限于：

（1）作业看板总览。可查看计划进展总体完工率情况、钢板领料数、产量、库存情况、总利用率、钢板报废及切割废料量、零件切割报废率、切割工时。

（2）计划进展详情。可查看每个产品部套的完工情况，未加工、加工中、已完工的数量及比例，零件完工逾期率等，方便企业对生产情况进行总体把控。

（3）产量详情。可查看已完成切割钢板以及零件加工的产能。

（4）利用率详情。可根据套料员、厚度、材质、设备类型等进行材料利用率的汇总统计。

（5）库存详情。可查询钢板、余料、零件的当前库存量，以及新增的库存量情况。

以上作业看板总览和详情都可以根据天、周、月、年进行查询。

12. 权限职能管理

根据不同用户角色职能的不同，可以分配到不同的界面，提高管理效率。

13. 系统集成管理模块

目前，和企业第三方接口集成涉及的交互数据为：下料计划数据、钢板物料数据、下料零件图纸数据、下料完工报工数据。围绕这四个下料相关数据，具体的集成管理协议应以接口数据表为准：

接口1：预套计划下发接口（PDM–LES）

接口2：预套料结果反馈接口（LES–ERP）

接口3：MES系统正式套料下发计划接口（MES–LES）

接口4：LES系统正式套料结果反馈接口（LES–MES）

接口5：获取正式套料的零件图形（PDM–LES）

接口6：获取零件加工过程中的相关信息（MES–LES）

系统集成管理模块如图8-45所示。

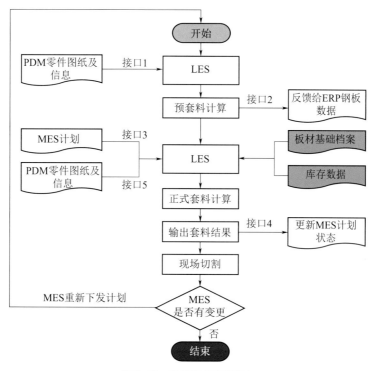

图8-45　系统集成管理模块

8.5

本章小结

通过智能制造建设和BIM＋信息管理系统，来提升生产线自动化、数字化和信息化水平，满足对产品的大规模多样化定制需求，提供数字化、网络化、智能化支撑。

实现产品在企业管理、研发设计、生产制造、试验检验、售后服务的过程管控一体化，有效优化流程、规范管理、整合资源，大幅提高协同研制能力、过程管控能力、科技和管理创新能力，优质高效完成深中通道钢箱梁28万t高质量生产任务。

第 9 章

钢箱梁焊接接头无损
检测新技术

9.1
概述

　　钢箱梁制造中焊接质量是除母材质量外最重要的内容和控制环节，焊接接头的无损检测是焊接质量检测的主要手段。作为钢箱梁智能制造重要内容的U形肋双面焊接技术，特别是基于内焊技术的双面埋弧焊在深中通道项目上得到了应用、发展和完善。

　　U形肋内焊技术在提高焊缝抗疲劳性能上找到了有效的解决办法，弥补了正交异性钢桥面板的技术短板，提高了此类结构在桥梁服役中的使用寿命（图9-1）。但作为焊缝新形式，仍然面临着质量控制、缺陷检出、补焊和复探等问题，焊缝表面质量、表面裂纹、内部质量等焊缝共性质量指标仍受到工程领域的普遍关注。虽然内焊技术开发过程中也形成了一些质量检测手段，但其检出率和可靠性并没有得到全面的认证认可。由于是新的焊接技术和新的焊缝形式，检测条件也发生了很大的变化，以往的检测技术已不能完全适用，开发可靠的、新的检测技术和手段成为深中通道项目的研究课题。

　　此前，国内外并无有效或直接的针对深中通道项目U形肋内焊角焊缝无损检测和表面质量的检测方法及评定标准；既有的常规无损检测方法难以进行U形肋内外角焊缝熔深测量和缺陷探查，而往往只能依靠制作工艺来间接地保证内外焊缝质量。对于具有重要意义的深中通道项目，迫切需要寻找到一种可靠、有效的U形肋内外角焊缝无损检测和表面质量检测技术，因此，依托深中通道项目对钢箱梁U形肋内外角焊缝质量检测进行了系统研究，在寻找到相对可靠有效的检测方案，并在项目实际检测中得到验证的基础上，形成检测技术规程。通过本项目的研究，在解决了U形肋内焊焊缝的无损探伤和表面质量检测难题的同时，也为其他狭小空间的焊缝或连接方式提供了检测方案或思路。

　　另外，针对钢箱梁制造中钢桥面板与U形纵肋角焊缝、节点角焊缝和一些特殊构件，由于结构受检测条件的限制，常规无损检测方法在检测精度、可靠性或检测效率方面存在不足之处。超声相控阵检测技术通过控制声束的聚焦和偏转，可实现快速准

图9-1 U形肋内焊现场（气体保护焊）

确的无损检测，这对于保证焊缝质量以及整个桥梁使用的安全可靠性具有重要的意义。针对焊接接头相控阵超声检测中关键技术的研究，形成了新的钢结构焊缝无损检测技术和方法，解决了钢结构优化设计及制造新技术衍生出的检测问题，也为钢箱梁智能制造中焊接接头的高效、自动化质量检测提供了技术支撑。

9.2
U 形肋双面焊全熔透焊缝无损检测技术

9.2.1　U形肋双面焊全熔透焊缝特点及无损检测方法

常用的钢结构焊缝无损检测方法有外观检测、射线检测、超声检测、磁粉检测、渗透检测，近几年相控阵超声检测方法也逐步得到了应用。对U形肋全熔透焊缝，由于是角焊缝和坡口焊缝的组合形式，射线检测存在贴片困难、检测效率低、缺陷设别难度大等问题，一般不采用。磁粉检测和渗透检测都是接头表面质量的检测方式，相比较而言，磁粉检测操作简单、检测效率高，还能对近表面缺陷进行检测设别，在桥梁钢结构制造工程实践中，基本上是以磁粉检测完成焊接接头的表面质量检测。因此，桥梁钢箱梁U形肋焊缝的常规无损检测方法主要有外观检测、磁粉检测、超声检测、相控阵超声检测。

U形肋双面焊接接头的焊缝由内、外侧焊缝组成，一般是先横位完成内侧焊缝焊接，再采用船位焊接外侧焊缝，为保证焊缝全熔透，优先采用双面埋弧焊方式。考虑到成本和效率，内焊后一般不做清根处理，在内侧焊缝边界不可避免会存在一些轻微氧化物和少量焊渣，外侧焊接时会形成少量的缺陷，严重时会存在未熔合或未熔透。

外观和磁粉检测包含两侧焊缝，内外焊缝形成了一个接头，超声检测和相控阵超声检测对象是整个焊接接头。由于U形肋与顶板焊接后是一个封闭的结构，内侧焊缝的外观和磁粉检测受到结构影响，已有检测方式无法有效展开；超声检测的检测面也受到结构影响，只能在U形肋外侧的肋板和顶板表面及顶板反面检测，实际生产中因板单元翻转费时费力，且容易造成构件变形，顶板反面作为检测面基本上没有可能。以上因素决定了需要有新的检测技术来适应。

本节主要阐述U形肋双面全熔透焊缝的外观检测、磁粉检测、超声检测技术，突出内侧焊缝的外观检测和磁粉检测技术，重点分析讨论其中的新技术。相控阵超声检测技术见9.3节的相关描述。

9.2.2　U形肋双面焊全熔透焊缝的外观检测技术

1. 检测条件

焊缝外观检测是焊缝质量的基本检查内容，一般在其他无损检测前，都需要先进行外观检测并合格。外观检测应待焊缝金属冷却后进行。

检测条件主要有光照度和视角，表面光照度应至少达到350lx，推荐光照度为500lx；外观直接目视检测时，肉眼的检测视角应不小于30°；借助摄像仪间接检测时，摄像头轴线与焊缝所在平面的夹角也应不小于30°。需要时，可采用辅助光源以提高缺欠和背景之间的对比度和锐度。

2. 检测设备、设施及要求

焊缝外观检测主要包括检测焊缝成型、表面缺陷、焊缝尺寸等，用到的设备、设施及要求主要有以下几种：

（1）直尺或测量带，精度不低于1mm。

（2）游标卡尺，精度不低于0.02mm。

（3）塞尺精度不低于0.1mm，测量范围为0.1~3mm。

（4）半径量规，精度不低于0.1mm。

（5）放大镜，放大倍数为2~5倍，放大镜上应有明确的测量比例范围。

（6）照明灯具，照度不小于500lx。

以上为外部焊缝外观检测中可能需要的设备或装置。对于U形肋内侧焊缝，人员无法接近检测，需要借助摄像和图像检测系统进行检测观察和缺陷尺寸测量。为使摄像系统进入U形肋内部工作，还需开发专用的载具，固定两者并在控制系统协调操控下完成检测摄像。摄像设备采用高清摄像仪，摄像检测条件以图像清晰可辨为依据，参照《焊缝无损检测 焊缝磁粉检测 验收等级》GB/T 26952—2011验收标准中的量级要求，应能分辨出大于等于0.5mm的缺陷，并配有照明装置调节摄像时的光照度。摄录图像信息可无线发送至控制终端和存贮于设备自带SD卡中。检测装置中还应配备距离编码器，用来测量和记录检测行走的距离，便于后续图像分析时确定缺陷在焊缝上的位置，距离编码器的测距精度应不大于1%，编码器读数应同步显示在图像上。

图像检测系统的选择：由于U形肋内环境造成摄像图像明暗变化大、对比度小的特殊性，现有图像处理分析软件适用性不佳，委托专业机构开发专用图像处理分析软件旷日持久，且开发成本高，都不是理想的选择。在深中通道项目研究中，开发应用了相对简单有效的图像识别检测方法，检测精度达到了0.2mm。该图像检测方法使用图像标尺线路模块，将其接入摄像控制线路，在摄像图像界面产生定量标尺，此标尺可随图像同步缩放。在检测前应对图像标尺进行校准：用校准过的直尺放置在摄像头下，通过控制器视频观察图像中的标尺读数，调节摄像头与直尺距离，使标尺刻度与钢尺刻度成一定比例，如：标尺刻度10对应直尺刻度2mm，记录摄像头与直尺的距离L和标尺比例（2∶10），此时的测量精度为0.2mm（图9-2）。

图9-2　图像标尺示意图

行走小车是专门为U形肋内侧焊缝外观和磁粉检测开发的载具，小车应能紧密贴合U形肋内部的板壁进行纵向行走，且能适应U形肋内部空间尺寸变化，保证行走稳定可控，可以手动驱动或自动驱动。U形肋内侧焊缝外观和磁粉检测系统构成和工作原理示意图如图9-3所示。

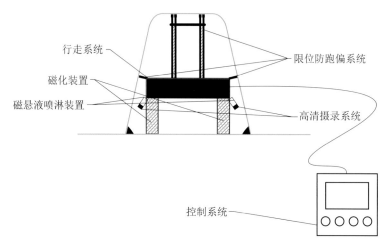

图9-3　U形肋内侧焊缝外观和磁粉检测系统构成和工作原理示意图

3. 检测实施

U形肋焊缝外观质量检测范围为焊缝全长及焊缝每侧16mm热影响区。热影响区范围取肋板厚度（一般为8mm）的两倍。

U形肋外侧焊缝的外观质量主要采用目视直接检查的方法，借助直尺、游标卡尺、塞尺、量规、放大镜、照明灯具等器材进行；U形肋内侧焊缝的外观质量主要采用摄像间接检查的方法，借助行走小车、摄像仪和照明灯具等设备进行。

U形肋内侧焊缝外观检测主要采用高清摄像系统，在照明灯具的辅助下，对内部焊缝进行全长摄像，采用图像标尺对图像中的表观缺陷进行定量测量。摄像系统和照明灯具都安装在行走小车上，通过行走小车完成对两侧内侧焊缝全长的摄像检测。

U形肋焊缝外观检测的内容主要包括以下几方面：检查焊缝外形成型质量和测量焊缝凸度，检查焊缝表面外形是否规整、焊波形状和间距是否均匀一致，观察检查整个接头的焊缝宽度是否基本一致，如开有坡口，检查是否完全焊满坡口；观察检查焊缝表面或热影响区的任何缺欠（如裂纹或气孔），去除马板或辅助连接件后，检查去除部位有无裂纹或母材撕裂等缺欠，检查焊缝及母材表面有无弧击痕迹；检查焊缝根部有无超出标准要求的根部凹陷、烧穿或缩沟，根部是否存在超出标准要求的咬边等。

外焊缝尺寸可以选择U形肋焊缝的任意位置测量；内焊缝尺寸在焊缝两端进行测量。

外观检测的步骤：

（1）将摄像仪、距离编码器和照明灯具等设备与运载设备组装固定。

（2）校准图像标尺（2∶10），测出摄像头到直尺的距离L，校准编码器精度。

（3）在U形肋一端的内部调试摄像头角度、照明亮度，使控制器接收的图像清晰、无反光。

（4）尽可能使摄像头与焊缝垂直，调节摄像头与焊缝表面的距离为L。

（5）设置距离编码器；将组装完的检测系统放置在U形肋端部开始的位置，测量摄像头与U形肋端部的距离，将该距离设置成编码器初始值。

（6）启动检测。

4. 外观质量验收准则

U形肋焊缝外观不得有裂纹、未熔合、焊瘤、烧穿、夹渣、未填满弧坑、漏焊等缺陷。U形肋焊缝外观质量要求见表9-1。

U形肋焊缝外观质量要求 表9-1

外观类型	简图	质量要求
咬边		不允许
气孔	—	（1）直径小于1.0mm，每米不多于3个，间距不小于20mm；（2）焊缝端部10mm之内不允许有气孔
焊角		埋弧自动焊为 K_0^{+2}，手工修补电弧焊为 K_{-1}^{+3}

续表

外观类型	简图	质量要求
焊波		$h<2.0$mm（任意25mm范围内）
余高	—	不大于3.0mm

9.2.3　U形肋双面焊全熔透焊缝的磁粉检测技术

1. 检测技术和方法

U形肋双面焊焊缝采用如图9-4所示的T形接头磁轭磁化技术进行检测。

焊缝及热影响区应处于有效磁化区域内，极间距d_1应大于或等于焊缝及热影响区再加上50mm的宽度。

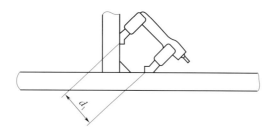

图9-4　T形接头磁轭磁化技术图示

考虑到U形肋T形接头焊缝，内焊缝磁粉检测采用交叉磁轭磁化方式，一次完成互呈90°方向的磁化。

检测方法采用交流磁轭连续湿法。焊缝表面平顺时，内焊缝磁粉检测采用常规磁悬液方法；如内焊缝表面较粗糙，可采用荧光磁粉法。

选用A1：30/100型标准试片按照现行《焊缝无损检测　磁粉检测》GB/T 26951—2011的方法对系统灵敏度进行综合性能测试。灵敏度验证试验中，在交叉磁轭磁化条件下，普通磁粉和荧光磁粉都有较好的灵敏度显示，如图9-5所示。

图9-5　灵敏度验证试验

2. 检测设备、设施及要求

焊缝磁粉检测的设备、设施及介质主要有：磁化设备、磁悬液喷施设备、照明设施、黑光灯（荧光磁粉用）等，用于U形肋内侧焊缝磁粉检测的设备还需要图像采集设备、图像标尺模块、距离编码器、载具（行走小车）等。

磁化设备采用交叉电磁轭，当使用磁轭最大间距时，交叉磁轭至少应有118N的提升力；磁悬液喷施设备应能稳定均匀地喷洒磁悬液，喷淋流量及雾化状态可调节，以满足检测要求。为了防止磁悬液中颗粒物沉淀，保证喷淋出的磁悬液浓度均匀，一般在储存箱中安装搅拌电机或自循环装置，使用过程中始终对磁悬液进行搅拌或自循环；黑光灯在工件表面的辐照强度应大于或等于$1000\mu W/cm^2$。

用于内侧焊缝磁粉检测的图像采集设备、图像标尺模块、距离编码器、载具等设备要求，以及图像标尺的校准方法，均与外观检测中的同类设备一致。

3. 检测实施

磁粉检测应安排在U形肋焊接接头焊后24h且经外观检查合格后进行。检测前，U形肋焊缝表面应进行清理，清除焊剂、焊渣、杂物等，应待焊缝金属冷却后进行外观检查，外观检查合格后进行磁粉检测。

U形肋内侧焊缝采用专用的磁粉检测系统。检测实施的过程内容主要包括以下几方面：将磁化装置、磁悬液储存罐、喷淋装置、高清摄录系统摄像头等安装在自行走小车上；将检测装置放置到U形肋内部，调整小车上限位装置，使整个检测装置稳定放置于U形肋内部，并使磁化装置离两侧焊缝距离一致；调整磁悬液喷淋角度，调整荧光内窥镜角度，试喷磁悬液，通过控制系统上的屏幕观察磁悬液喷淋及内窥镜角度，使喷淋及内窥镜角度均覆盖被检焊缝；调整完检测装置后，进行灵敏度验证，将C型试片按横竖方向两片贴于被检焊缝上，两边焊缝同样设置，操作控制系统，进行试检测，在控制系统屏幕上应能够清晰地看到两边焊缝上试片的刻痕；将计米系统归零后，开始正式检测。控制检测装置自动行走，并按照设定步进及磁化时间进行磁粉检测；检测人员通过屏幕观察检测过程，并做好记录，且对检测视频进行实时储存，以便于后续分析及存档。

检测中应注意以下情况：交叉磁轭四个磁极端面与检测面之间应保持良好的贴合，其最大间隙不应超过0.5mm。连续行走检测时，检测速度应尽量均匀，一般不应大于4m/min；检测实施过程中，通过视频观察磁悬液的流动情况，发生流动过快时应调低磁悬液喷施流量。

检测步骤：

（1）将摄像仪、距离编码器、照明灯具、电磁轭、磁悬液喷施等设备与运载设备组装固定，并接通电缆电源。

（2）校准标定图像标尺。

（3）在U形肋一端的内部调试摄像头角度、照明亮度，使控制器接收的图像清晰、无反光。

（4）校准距离编码器；将组装完的检测系统放置在U形肋端部开始的位置，测量摄像头与U形肋端部的距离，将该距离设置成编码器初始值。

（5）加入足量的磁悬液。

（6）启动检测。

4. 磁痕显示的观察、分类和记录

（1）磁痕显示的观察：U形肋内焊缝缺陷磁痕位置采用图像上的距离编码器读数读取，缺陷磁痕尺寸采用图像标尺读取；检测过程中发现有缺陷磁痕显示时，可以停止检测过程以对磁痕缺陷进行观察和确定，也可以完成全部检测后通过录像进行观察和分类；为辨认细小的磁痕显示，观察时应放大图像显示细小磁痕的细节。

（2）磁痕的分类：按照《焊缝无损检测 焊缝磁粉检测 验收等级》GB/T 26952—2011的规定对缺陷磁痕进行分类：

①磁痕显示分为线状显示、非线状显示。

②线状显示：长度大于3倍宽度的显示。

③非线状显示：长度等于或小于3倍宽度的显示。

（3）磁痕的记录：采用专用磁粉检测系统检测的U形肋内焊缝，其缺陷磁痕一般采用录像或其截图记录，并配有必要的文字说明。

9.2.4 U形肋双面焊全熔透焊缝的超声检测技术

1. 检测技术

采用常规A型超声检测技术可以检出并大致判断对接焊缝的气孔、夹杂、未熔合、未焊透等缺陷当量大小、指示长度，但对于U形肋双面焊角焊缝的内部质量检测方面，这种检测技术在现有标准方法方面的准确性和重复性都存在较大的问题。U形肋外侧焊缝熔深的测量精度更是无法满足设计要求，既有的常规A型超声检测手段和方法检测U形肋焊缝内部质量的困难较大，很难分辨出未焊透顶端信号与缺陷信号以及几何界面的反射信号，由于对未焊透的定量测定依赖于波幅法，因此测量精度受干涉等物理效应的影响而变差，此类焊缝的熔深超声检测需要新的技术和方法。

深中通道U形肋焊缝无损检测研究课题中，进行了U形肋焊缝的A型超声检测扩展试验研究，通过对比试块设计制作、探头选择和扫查信号选取等研究，采用"最高反射波+衍射波找端点"的方法，能得到较精确的熔深端点深度，检测精度可达到0.5mm以内。

2. 对比试块的设计与制作

标准试块采用CSK-IA，用来校准和设定检测设备的时基线和基准灵敏度；设置扫查灵敏度、制作距离波幅曲线的对比试块编号为JCU-1（图9-6），未焊透区域与设计基本一致（腹板厚度为T_1、顶板厚度为T_2、腹板与顶板夹角为α、熔深为δ）的实物对比试块编号为JCU-2（图9-7），以及不同熔深实物对比试块编号为JCU-3（图9-8）、JCU-4（图9-9），可用于熔深检测精度验证和工艺验证。实物对比试块宜采用与焊缝同种材质。

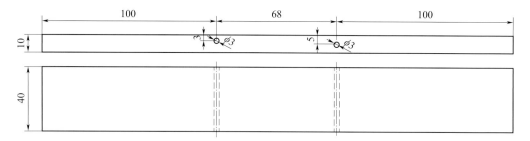

图9-6 JCU-1对比试块（单位：mm）

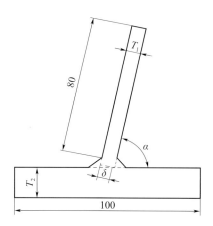

图9-7 JCU-2对比试块（单位：mm）

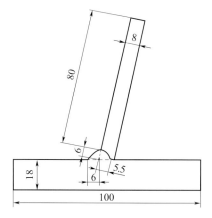

图9-8 JCU-3对比试块（单位：mm）

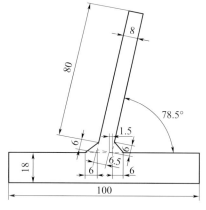

图9-9 JCU-4对比试块（单位：mm）

3. 探头选择

探头的选择是影响超声检测结果的重要因素之一，尤其对于U形肋焊缝的熔深定量检测。根据超声波检测原理，对熔深或缺陷深度进行定量测定时，只有声束与缺陷垂直时，才能获得最大反射波幅，定量精度达到最大。实际检测中，声束与缺陷不垂直的情况居多，一般考虑的方式是选择合适的探头折射角、前沿尺寸和扫查面，使声束与缺陷尽可能接近垂直，以获得最真实的缺陷尺寸（图9-10）。U形肋与顶板T形接头焊缝检测时，可选择U形肋外侧的肋板和顶板表面及顶板反面三个面作为检测面，实际生产中因板单元翻转费时费力，且容易造成构件变形，顶板反面基本上不选择为检测面。U形肋内侧的顶板表面理论上可作为检测面，但仅能检测焊缝中的常规缺陷，而进行U形肋外侧焊缝熔深的检测时，如选用顶板表面，只能测出未焊透区域最大反射波幅的水平距离，不能确定是否为熔深点反射，且水平距离换算为熔深点也不直观，在实际检测中很难实现。因此U形肋焊缝的超声检测，实际上只能选择U形肋板外侧表面。

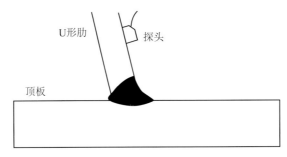

图9-10　探头位置示意图

U形肋板与顶板一般呈78°左右的夹角，熔深检测时探头位于U形肋板外侧表面，探头角度为78°时，声束垂直顶板平面，此时反射信号最强。在开发定量检测技术时，考虑到角度过大后波形转换造成能量损失，探头折射角选择70°～75°为最佳，既满足了声束与顶板接近垂直，又减少了波形转换的能量损失。探头频率主要考虑分辨率和声波能量，频率越高分辨率越高，但穿透能量小，考虑到U形肋板厚6～8mm，一般选择2.5～7.5MHz。同时考虑到焊角尺寸影响，对探头前沿距离也有要求，短前沿（8mm以下）可以使探头主声束尽量接近焊缝，提高主声束扫查发现更小熔深点的能力，满足检出各种熔深值的需要。这种非常规探头需要专门定制，出厂前还应进行各种测试和验证。

4. 检测实施

1）扫查

非熔深缺陷采用折射角为60°或70°的探头沿焊缝长度按《焊缝无损检测 超声检测 技术、检测等级和评定》GB/T 11345—2023的相关规定扫查检测。

熔深定量测量时宜采用折射角为70°~75°（与U形肋和顶板夹角相近的角度）的探头沿焊缝长度按《焊缝无损检测 超声检测 技术、检测等级和评定》GB/T 11345—2023的相关规定扫查检测。

2）熔深值的测量

探测熔深点时，理论及试验研究发现采用"最高波+衍射波找端点"的方法，能得到较精确的端点深度，检测精度可达到0.5mm以内。如果衍射波没有出现，则可采用半波高度法近似测量熔深值。

探头先在U形肋上平行于焊缝的检测长度（L_0）内沿焊缝做锯齿形扫查，区分熔深低于标准值和高于标准值的区域。记录低于标准值的区域，无指示长度时，记录具体数据；有指示长度时，记录长度。

在熔深低于标准值区域内的U形肋侧沿着焊缝的长度方向间隔20mm进行单点测量并记录数据，或者分段记录所测量焊缝的熔深数据范围。

采用端点衍射法或-6dB半波高度法进行单点熔深测量。端点衍射法：在测点附近移动或摆动探头，找到未熔合区最高反射波后提高灵敏度12~25dB，找到最高波附近的端点衍射信号，读取该深度值为熔深值；-6dB半波高度法：在测点附近找到未熔合区最高反射波，将该波高调整为满屏高度的80%，前后移动探头使波高降低一半（满屏高度的40%），读取该深度值为熔深值。

5. 钢箱梁U形肋双面焊接头超声检测质量验收准则

参见第9.3.8节的描述。

9.3
钢箱梁制造高品质焊接接头超声相控阵检测关键技术

阐述了钢箱梁制造涉及的焊接接头类型及适用的无损检测方法，分析了超声相控阵检测方法的特点及在常规方法检测难度较大的U形肋角焊缝检测的应用，提出了影响钢箱梁制造高品质焊接接头超声相控阵检测的关键技术并进行了相应的试验研究工作。

9.3.1 焊接接头类型及无损检测方法

常用焊接接头类型包括对接接头、角接接头、T形接头和搭接接头，钢箱梁制造过程中主要涉及对接接头和T形接头（主要为U形肋角焊缝）。对接接头一般采用超声检测＋射线检测＋磁粉检测/渗透检测，也可采用超声检测或射线检测＋磁粉检测/渗透检测，采用超声检测、射线检测、磁粉检测和渗透检测的组合基本可以确保对接接头的焊接质量控制。

钢箱梁T形接头主要形式为U形肋角焊缝，由于磁粉检测和渗透检测仅能检测表面或近表面缺陷，射线检测贴片难度大、检测效率低、无法定位缺陷深度，因此U形肋角焊缝的无损检测一般采用超声检测和超声相控阵检测方法。随着U形肋角焊缝制备形式的增加和检测质量的提高，目前U形肋角焊缝常见的制备形式包括单面非熔透角焊缝、双面未熔透角焊缝和双面全熔透角焊缝，如图9-11所示。U形肋角焊缝的检测内容包括内部缺陷和焊缝熔深，与超声检测的线扫描方式相比，超声相控阵扇形扫查的面扫描方式具有更高的缺陷检出率和定位准确度。

9.3.2 相控阵超声检测技术

相控阵超声检测技术的原理是利用程序控制多阵元探头的声束延迟、偏转等，使得相控阵超声检测技术比常规超声具有检测盲区小、检测精度高、检测适应性强等优点，因此在众多工业领域获得了广泛的应用。

相控阵超声的探头由多个阵元的晶片组成，但探头尺寸较常规超声探头更小，在

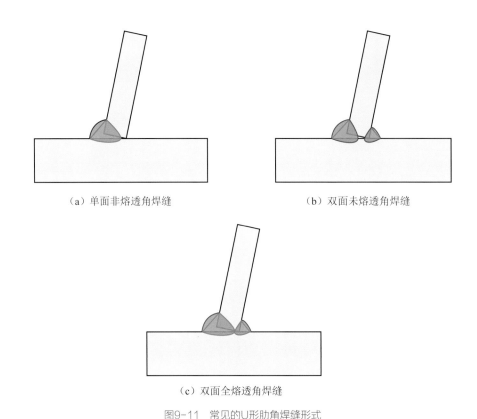

（a）单面非熔透角焊缝　　　　　　　（b）双面未熔透角焊缝

（c）双面全熔透角焊缝

图9-11　常见的U形肋角焊缝形式

一定程度上降低了对待检构件检测面大小的要求，同时通过对多阵元探头晶片的声束相位和时序程序的控制，在待检工件上形成一个扇形区域的超声场，并通过二维图像实时显示检测区域的缺陷情况。与常规超声的线检测相比，相控阵超声检测技术对待检区域的检测盲区更小，具有更好的覆盖性和适应性，因此具有更高的检测准确度。

　　随着电子发展水平、数字信号处理技术、计算机模拟等技术的发展，相控阵超声无损检测技术逐渐在工业领域被广泛应用。在核工业、航空工业等高质量要求的行业，相控阵超声检测技术的应用包括：沸水反应堆堆芯壳体异种钢焊缝的相控阵检测，工件几何形状和焊缝位置检测；紧固件孔眼接触面周围的疲劳裂纹检测；飞机起落架在起飞和着落时强应力作用的影响；飞机机翼表面搭接接头的腐蚀老化的检测等。

　　清华大学无损检测实验室施克仁教授的研究团队对相控阵超声声场、阵列探头设计、自适应聚焦、提高检测分辨率、柔性阵列相控阵等方面做了深入的研究，有效地推动了超声相控阵检测技术在国内工业领域的应用。单宝华采用相控阵超声技术进行海洋平台结构管节点焊缝的检测，并指出了超声相控阵检测技术在海洋平台结构、压力容器、航空航天等工业无损检测领域将具有良好的应用前景。相控阵超声检测技术在西气东输工程输油管道的检测、法兰密封面的检测以及小径管焊接接头的检测，有效地提高了检测效率和运行可靠性。相控阵超声检测技术在大型风电机组的在役螺栓的应用中，通过在螺栓端部的检测，可准确检测出螺纹部位的缺陷，改善了原来磁粉检测必须拆下螺栓方可实施检测且螺纹区域容易出现漏检的情况，有效地提高了螺栓的使用安全性。张海兵探索了相控阵超声检测技术在碳纤维层压复合材料中的应用，碳纤维复合材料在生产及使用过程中，尤其是由于所处环境因素和外界荷载的影响，会产生分层缺陷。对碳纤维层板复合材料的检测结果表明了相控阵超声检测技术可准确定位分层的位置，也可以进行分层面积的大致测量，很适合对于机翼等复合材料构件的服役维护检测。赵敏等将相控阵超声检测技术应用到正交异性钢箱梁U形肋角焊缝的熔深检测，如图9-12所示，有效地提升了正交异性钢箱梁的建造质量，提升了桥梁运行的安全性、可靠性和运行寿命，并将超声相控阵检测技术应用到桥梁锚具的检测，分析了锚具表面曲率、探头频率、探头类型、缺陷直径和缺陷深度对缺陷检测能力的影响，有效地提升了锚具的制造质量。

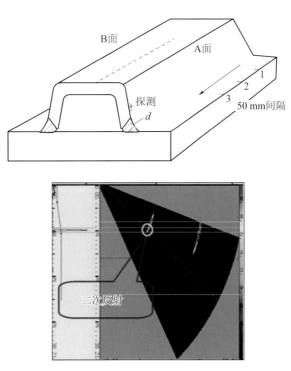

图9-12　单面非熔透U形肋角焊缝试样及检测图像

9.3.3 试块的设计与制作

试块是相控阵超声检测结果准确度的重要影响因素之一，相控阵超声检测用试块包括标准试块和对比试块。

标准试块用来测定仪器及探头的组合性能，调节仪器的水平线性、垂直线性等性能指标，标准试块推荐采用CSK-ⅠA、PRB-2型标准试块，如图9-13所示。

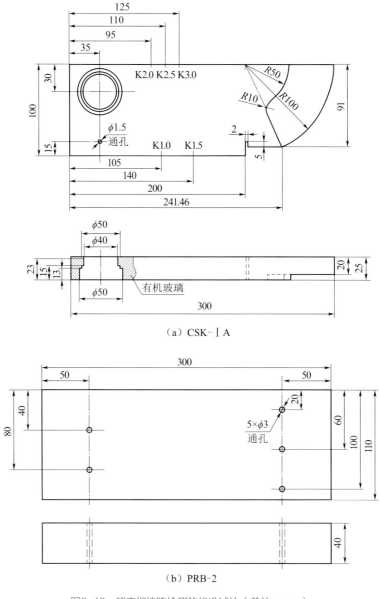

（a）CSK-ⅠA

（b）PRB-2

图9-13 超声相控阵检测的标准试块（单位：mm）

对比试块采用U形肋实物加工制作，如图9-14所示，针对不同的U形肋角焊缝形式采用无缺陷和人工缺陷试块，涉及的U形肋角焊缝形式包括单面非熔透角焊缝、双面未熔透角焊缝和双面全熔透角焊缝。

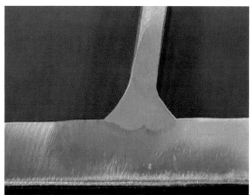

图9-14　超声相控阵检测的U形肋实物对比试块

单面非熔透U形肋角焊缝的对比试块如图9-15所示，对比试块包括无缺陷试块和人工缺陷试块，图中1为母板、2为肋板、3为熔合区、4为横通孔，横通孔位于肋板厚度为4mm处，直径为1mm或2mm。

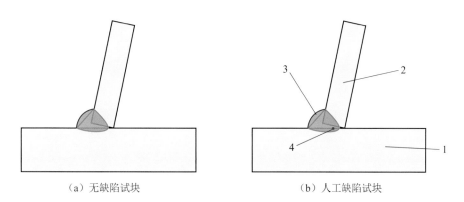

（a）无缺陷试块　　　　　　　　　　（b）人工缺陷试块

图9-15　单面非熔透U形肋角焊缝的对比试块

双面未熔透U形肋角焊缝的对比试块如图9-16所示，对比试块包括无缺陷试块和人工缺陷试块（采用双面全熔透焊接），图中1为母板、2为肋板、3为熔合区、4-1为位于肋板端部表面延长线的割槽、4-2为位于母板表面延长线的割槽。

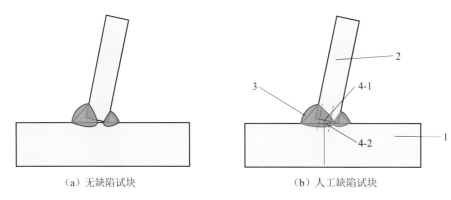

（a）无缺陷试块　　　　　　　　　　　　（b）人工缺陷试块

图9-16　双面未熔透U形肋角焊缝的对比试块

双面全熔透U形肋角焊缝的对比试块如图9-17所示，对比试块包括无缺陷试块和人工缺陷试块，图中1为母板、2为肋板、3为熔合区、4为横通孔，横通孔的直径为1.0mm或0.5mm，横通孔分为3类，分别为圆心在肋板表面延长线上的4-1-1和4-1-2、圆心在母板表面延长线上的4-2-1～4-2-5、圆心在肋板表面和母板表面延长线交点的4-3-1和4-3-2。

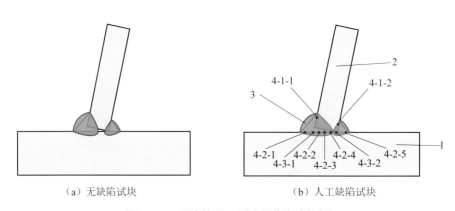

（a）无缺陷试块　　　　　　　　　　　　（b）人工缺陷试块

图9-17　双面全熔透U形肋角焊缝的对比试块

9.3.4　探头的选择

探头的选择也是相控阵超声检测结果准确度的重要影响因素之一，探头的选择主要考虑探头尺寸和频率。

在U形肋角焊缝的超声相控阵检测中，拟采用线性阵列探头，从检测便捷性和焊缝区域的覆盖性考虑，将相控阵探头放置在肋板外侧，如图9-18所示。常用的超声相控阵线性阵列探头的阵元数量分别为16、32、64和128，由于角焊缝熔合区覆盖了部分肋板区域，限制了肋板外侧的检测面，为了保证相控阵探头的声束能够完全覆盖角焊缝待检区域，应尽量选择探头前沿较短的探头，因此，推荐选择16阵元的线性阵列探头。

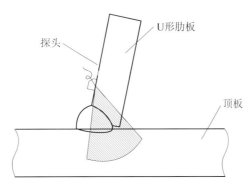

图9-18　探头位置及声束覆盖

　　选取频率的原则是在保证一定灵敏度和分辨率的前提下尽量选取较高频率的探头。分别采用10.0MHz、7.5MHz和5.0MHz的探头对非熔透U形肋角焊缝实物对比试块进行检测，如图9-19所示。频率为10.0MHz探头的检测图像信噪比较小、成像质量较差，较难准确地定位熔深位置，频率为5.0MHz探头的检测图像分辨率不足，亦较难准确地定位熔深位置，7.5MHz探头能准确地定位熔深位置，分辨率和信噪比均较高。因此推荐采用频率为7.5MHz的探头，对于内部缺陷尺寸较大的定位亦可采用5.0MHz探头。

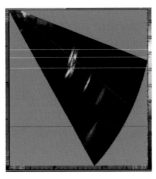 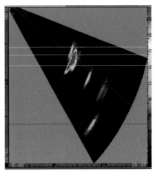 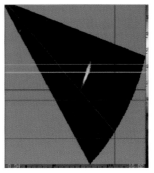

（a）10.0MHz-6.4mm　　　　　　（b）7.5MHz-6.4mm　　　　　　（c）5.0MHz-7.0mm

图9-19　不同频率相控阵探头的非熔透U形肋角焊缝检测图像

9.3.5 肋板倾角和肋板厚度的影响

在正交异性钢箱梁U形肋板单元制作过程中，肋板倾角和肋板厚度与设计值产生了一定的偏差，以非熔透U形肋角焊缝实物对比试块为例，研究了肋板倾角和肋板厚度的偏差对超声相控阵检测结果的影响。

肋板厚度为8mm的U形肋对比试块的声束覆盖情况如图9-20所示，探头位于肋板外侧，当声束覆盖区域恰好检测到熔深测量点时，若再将探头上移，则熔深测量点将超出声束覆盖区的范围，相控阵超声就不能对角焊缝的熔深进行有效的监控，图9-20中声束覆盖区域的边界，由板厚8mm、肋板倾角78°，计算获得的相控阵超声探头能够保证声束覆盖角焊缝待检区域的探头位置为声束发射点距离顶板7.14～37.13mm处，在此范围内，相控阵超声声束可有效覆盖待测角焊缝的主要检测区域。

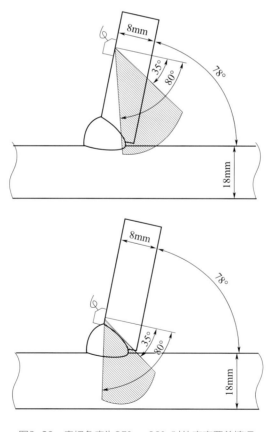

图9-20　扇扫角度为35°～80°时的声束覆盖情况

建立非熔透U形肋角焊缝的几何模型如图9-21所示，由肋板厚度t、声束发射点至顶板的距离h和肋板倾角α，可计算得到肋板端点和熔深次测量点的声束倾角，由此计算获得非熔透U形肋角焊缝的熔深。

$$\tan\delta_1 = (h\times\sin\alpha - t\times\cot\alpha)/t \qquad (9-1)$$

$$\tau = (h\times\sin\alpha - t\times\cot a)/\tan\delta_2 \qquad (9-2)$$

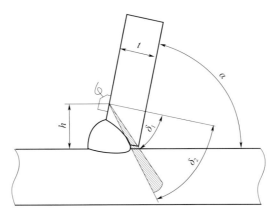

图9-21　非熔透U形肋角焊缝的几何模型

当肋板厚度t为8mm、声束发射点至顶板的距离h为10mm时，理论熔深为6.4mm，设计肋板倾角为78°，分析肋板实际倾角为78°、79°和80°时对熔深测量值的影响。

当肋板实际倾角为78°时，采用倾角为78°进行计算，熔深计算值为6.40mm；当肋板实际倾角为79°时，仍采用倾角为78°进行计算，熔深计算值为6.35mm；当肋板实际倾角为80°时，仍采用倾角为78°进行计算，熔深计算值为6.30mm。

由此可知，当实际检测中以肋板倾角设计值进行检测时，当实际肋板倾角大于设计值时熔深测量值偏小，而当实际肋板倾角小于设计值时熔深测量值偏大。

肋板在实际制作过程中存在一定的公差，以肋板公称厚度为8mm、非熔透角焊缝的设计要求熔深不小于80%为例，不同肋板厚度的熔深最小值和公称熔深最小值的比较情况如图9-22所示。当肋板厚度小于公称厚度时，以实测肋板厚度进行测量时图中黄色区域的测量值为可接受范围，而以公称肋板厚度进行测量时则图中黄色区域的测量值不符合要求。当肋板厚度大于公称厚度时，以实测肋板厚度进行测量时图中蓝色区域的测量值不符合设计要求，而以公称厚度进行测量时图中蓝色区域的测量值符合设计要求。

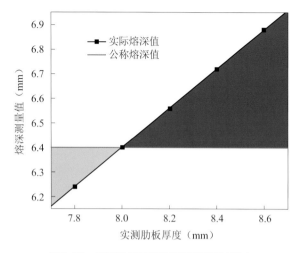

图9-22　实测肋板厚度对熔深测量值的影响

9.3.6　检测实施

1.检测过程的一般要求

扫查面准备工作按如下几点进行：

（1）焊缝的表面质量应经外观检查合格。

（2）清除U形肋板外侧检测面的焊接飞溅、氧化皮、锈蚀等。

（3）探伤表面应平整光滑，通常进行打磨，打磨一般不用砂轮，可用圆盘钢丝刷或布轮打磨，消除过度粗糙。

（4）检测表面粗糙度Ra值不应超过12.5μm。

检测范围为约定检测长度范围内的焊缝及焊缝每侧10mm热影响区。对非焊缝全长进行检测时，被抽检焊缝中有超过200mm连续检测不合格时，应扩大一倍长度进行检测，如仍有不合格则检测范围延伸至该焊缝的全长。

在检测长度范围内通过初扫确定熔深低于标准值的区域，在该区域内每隔50mm设置1个测点，用于定点精确测量熔深值。

采用手动锯齿形扫查时，探头移动的速度不超过150mm/s。自动检测的最大检测速度不超过按现行《无损检测　超声检测　相控阵超声检测方法》GB/T 32563—2016规定的计算值。

手动扫查采用扇形扫描和平行扫查或锯齿扫查的方式进行检测；机械与电子结合扫查：以在校准试块上测定的探头前端至焊趾的距离为基准，在工件上画出扫查线，采用编码扫查器"平行沿线扫查＋扇形扫描"的方式进行检测。

扫查覆盖要求：扇扫描应能保证相邻声束重叠至少为50%；平行线扫查时，若在焊缝长度方向进行分段扫查，则各段扫查区的重叠范围至少为20mm；锯齿形扫查时，相邻2次探头移动间隔应不超过阵元高度（w）的50%。

被检工件的表面温度应控制在0～50℃，检测系统设置和校准时的温度与实际检测温度之差应控制在±15℃之内。

扫查前在同一条U形肋上随机选取10点测量U形肋板厚，以测量值的平均值为U形肋实际板厚，将该实际测量值输入相控阵超声检测仪工件厚度栏中。

扫查要求：

（1）依照工艺设计将检测系统的硬件及软件置于检测状态，将探头摆放到要求的位置，沿设计的路径进行扫查。

（2）扫查过程中应采取一定的措施（如提前画出探头轨迹或参考线、使用导向轨道或使用磁条导向）使探头沿预定轨迹移动，过程中探头位置与预定轨迹的偏离量不能超过设计值的15%。

（3）扫查过程中应保持稳定的耦合，有耦合监控功能的仪器可开启此功能，若怀疑耦合不好，应重新扫查该段区域。

2. U形肋焊缝熔深测量方法

探头先在U形肋上平行于焊缝的检测长度（L_0）内做直线扫查，区分并标记熔深低于标准值的区域。在扇扫描界面设置熔深为标准值的水平线，扫查中反射图像整体位于该线上方的区域为熔深可能低于标准值的区域。对熔深低于标准值的区域，采用端点衍射法或−6dB半波高度法精确测量并记录数据。

（1）端点衍射法：调取初扫存储图像，或者采用定点测量方式（在测点附近找到焊缝未熔合区的清晰反射信号）。调整角度光标找到焊缝未熔合区反射最高波，将该波高调整到满屏高度的80%，提高灵敏度12～25dB，找到熔深端点的衍射信号，调整角度光标找到熔深点衍射最高波，读取熔深点的深度值，记录该值为该点熔深值。

（2）−6dB半波高度法：调取初扫存储图像，或者采用定点测量方式（在测点附近找到焊缝未熔合区的清晰反射信号）。调整角度光标找到焊缝未熔合区反射最高波，将该波高调整到满屏高度的80%，在焊缝两侧调整角度光标使波高降低一半（满屏高度的40%），读取深度值并记录。

9.3.7　自动扫查装置

在正交异性钢箱梁的制造过程中，U形肋角焊缝的数量大、检测工作量大，且超声相控阵仪器均具有二维图像的保存功能，因此可采用自动化扫查装置实现U形肋角焊缝的现场自动化批量检测，有效提高其检测效率和现场工作量。

桥梁U形肋角焊缝的超声相控阵自动化扫查装置，如图9-23所示，主要由行走框架（1）、四个行走滚轮（2）、限位机构（3）、扫查机构（4）、电机（5）、同步带（6）、锂电池（7）、相控阵主机（8）、探头数据线（9）和耦合剂喷淋机构（10）组成。

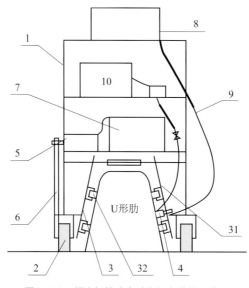

图9-23　超声相控阵自动化扫查装置示意图

行走框架（1）通过四个行走滚轮（2）实现沿U形肋的自动连续检测，限位机构（3）包括支撑框架（31）和左右两组限位滑轮（32），通过限位机构实现扫查机构（4）将探头放置在肋板外侧面指定位置并保证探头与检测面接触良好。行走框架上设置电机（5），电机输出端通过同步带（6）驱动行走滚轮，电机的驱动电源为锂电池（7）。相控阵主机（8）也固定在行走框架上，并通过探头数据线（9）与扫查机构中的探头相连接。行走框架上还设置耦合剂喷淋机构（10），可实现将可控的水量输送到检测面的探头区域，从而保证探头与接触面的良好耦合。

9.3.8 质量等级及验收准则

质量等级及验收准则包括单面非熔透U形肋角焊缝和双面全熔透U形肋角焊缝。

单面非熔透U形肋焊缝熔深尺寸验收准则：U形肋外侧焊缝熔深尺寸要求不小于设计值（推荐为U形肋板厚的80%），具体可分为两种情况：

（1）熔深尺寸大于U形肋板厚的80%为合格。

（2）熔深尺寸小于U形肋板厚的80%，但长度小于20mm，且单点熔深尺寸不小于U形肋板厚的70%为合格。且熔深尺寸小于80%肋板厚度且不足板厚70%的累计长度不得超过检测长度的5%。

双面全熔透U形肋角焊缝熔深尺寸验收准则及返修条件可分为三种情况：

（1）每块顶板单元U形肋全熔透焊缝无损检验一次合格率应≥96%。

（2）焊缝每1m范围内不连续缺欠总长不超过300mm，如发现不连续缺欠总长超过300mm，应扩大一倍长度检测，如仍有超标缺欠则对焊缝全长进行检测。

（3）对U形肋焊缝内的深埋缺欠，单个缺欠指示长度不大于100mm、每1m焊缝缺欠总指示长度不大于300mm，且焊缝外侧熔深不应小于U形肋板厚的75%，可不返修，否则应返修。

9.4 |
本章小结

正交异性钢桥面板结构在桥梁钢箱梁上的应用越来越广泛，应对U形肋焊缝疲劳开裂的措施目前有两项：增加单面焊熔深比例至肋板厚度的80%以上，及通过双面焊技术获得新的焊缝形式以改变疲劳破坏模式（变焊根开裂为焊趾开裂）。不管采取哪种应对措施，U形肋外侧焊缝熔深都是关键的质量控制指标，焊缝外观和表面质量也是重要的控制内容。无损检测的目的是在不破坏结构和材料的前提下，检出缺陷和熔深值。

U形肋内侧焊缝的外观和表面质量是全新的检测内容，通过研究形成的摄像和图像检测技术，有效地解决了U形肋内部焊缝外观和表面质量检测难题，检测精度达到

0.2mm，满足了外观和磁粉检测标准的要求。

通过对常规A超检测的扩展研究，基本找到了U形肋外侧焊缝熔深的超声定量检测方法，检测精度达到0.5mm，可以对熔深做初步判定。由于超声检测中找到反射信号和衍射信号依赖操作人员的知识和经验，大范围检测受到一定限制。

相控阵超声检测技术在钢箱梁制造检测中的应用，比较可靠地解决了焊缝缺陷检出率和检测效率问题，特别是对U形肋熔深的检测，比传统超声检测可达到更高的检测精度，且解决了对检测人员经验的依赖问题。

第 10 章

结论与展望

本项目以深中通道钢箱梁制造为依托，建设了"四线一系统"钢结构智能制造生产线，大幅度提升了钢结构制造的质量和效率；提出了特征和视觉识别的复杂构件机器人混合编程技术，实现了钢结构全面智能化制造；通过研发高性能双面全熔透焊接接头，大幅度提升了钢桥面板的疲劳性能，主要结论如下：

（1）建设了高效率、多协同的桥梁钢结构下料切割生产线；建设了具有自主知识产权、产量有较大提升的桥梁钢结构智能化焊接生产线；建设了行业领先的桥梁钢结构智能总拼生产线和涂装生产线，研制了一大批适配桥梁钢结构行业特点的生产设备设施及其适配系统，包括经营信息决策系统（ERP）、数字全模型管理系统（PDM）、钢结构物料优化及管控系统（LES）、制造集成智能化系统（MES）。桥梁钢结构智能化生产线顺利投产，稳定可靠，性能良好，实现了桥梁钢结构制造模式的转型升级，由人工、机械化制造模式向自动化、智能化制造模式的转变，大幅度提升了钢结构生产的质量和效率。

（2）开发了板单元精密切割技术、U形肋双面埋弧熔透焊技术、视觉识别横隔板/横肋板机器人焊接技术、立体单元机器人焊接技术、U形肋双面焊超声相控阵检测技术，建立了融合智能化制造技术、高效化焊接技术、先进检测技术的新一代桥梁钢结构制造技术体系，保障了桥梁钢结构智能制造技术的实施。

（3）研发了正交异性钢桥面板U形肋双面埋弧全熔透焊接接头，得到了焊接接头的疲劳强度和主导疲劳失效模式，提出了钢桥面板制造加工的合理建议，实现了28万t钢箱梁的全面应用。

参考文献

［1］李衍. 超声相控阵技术 第一部分 基本概念［J］. 无损探伤，2007，31（4）：24–28.

［2］李衍. 超声相控阵技术 第四部分 工业应用实例［J］. 无损探伤，2008，32（3）：31–36.

［3］施克仁. 无损检测新技术［M］. 北京：清华大学出版社，2007.

［4］单宝华，喻言，欧进萍. 海洋平台结构超声相控阵检测成像技术的发展及应用［J］. 海洋工程，2005，23（3）：104–107.

［5］张磊. 超声相控阵技术在石油化工领域中的应用进展［J］. 化工设计通讯，2020，46（8）：48+59.

［6］王磊. 在役风螺栓的相控阵超声检测［J］. 机械工程与自动化，2020（4）：138–139+142.

［7］张海兵，杜百强. 相控阵超声检测技术在碳纤维结构分层缺陷检测中的试验［J］. 无损检测，2020，42（4）：46–49+55.

［8］ZHAO M，GAO W B，SUN J. Application of Ultrasonic Phased Array Technology in Orthotropic Steel Box Girder Detection［C］. The 4th Orthotropic Bridge Conference Proceedings，Tianjin，2015.

［9］SUN J，ZHAO M，SUN W，et al. Phased Array Ultrasonic Testing for Nondestructive Evaluation of Welded Orthotropic Steel Box Girders of the Hong Kong-Zhuhai-Macao Bridge［C］. The 35th International Bridge Conference，Maryland，2018.

［10］孙杰，徐静，孙文，等. 超声相控阵在锚具检测中的影响因素分析［J］. 世界桥梁，2017，45（3）：60–64.

［11］范传斌，吴玉刚，张清华，等. 正交异性钢桥面板抗疲劳关键技术和工程应用［M］. 北京：人民交通出版社，2023.

［12］徐军，朱金柱，陈焕勇. 正交异性钢桥面板纵肋与横隔板的主导开裂模式研究［J］. 桥梁建设，2023，53（6）：55–63.

［13］范传斌，陈焕勇，刘健，等. 深中通道浅滩区非通航孔桥曲线超高变宽钢箱梁制造技术［J］. 公路，2024，69（4）：96-102.

［14］张华，宋神友，阮家顺，等. 机器人焊接技术在钢桥制造中的应用进展［J］. 金属加工（热加工），2021（12）：1-6.

［15］张华，张清华，宋神友，等. 正交异性钢桥面板制造技术发展现状综述［J］. 钢结构，2022，37（4）：1-13.

［16］范传斌，宋神友，陈焕勇，等. 钢桥面顶板-U肋全熔透双面焊构造细节疲劳性能研究［J］. 世界桥梁，2023，51（2）：61-68.